高等职业教育艺术设计类新形态项目化教材

办公空间设计

OFFICE SPACE DESIGN

乔 伟 刘 静 冯福宇 主 编
李家姮 李梦溪 副主编

中国轻工业出版社

图书在版编目（CIP）数据

办公空间设计 / 乔伟，刘静，冯福宇主编；李家姮，李梦溪副主编．—北京：中国轻工业出版社，2024.10

ISBN 978-7-5184-4987-3

Ⅰ. ①办… Ⅱ. ①乔… ②刘… ③冯… ④李… ⑤李… Ⅲ. ①办公室—室内装饰设计 Ⅳ. ①TU243

中国国家版本馆CIP数据核字（2024）第110075号

责任编辑：李　争

文字编辑：王　玙　　责任终审：高惠京　　设计制作：锋尚设计

策划编辑：王　淳　　责任校对：晋　洁　　责任监印：张　可

出版发行：中国轻工业出版社（北京鲁谷东街5号，邮编：100040）

印　　刷：天津裕同印刷有限公司

经　　销：各地新华书店

版　　次：2024年10月第1版第1次印刷

开　　本：870×1140　1/16　印张：8

字　　数：230千字

书　　号：ISBN 978-7-5184-4987-3　定价：58.00元

邮购电话：010-85119873

发行电话：010-85119832　010-85119912

网　　址：http://www.chlip.com.cn

Email：club@chlip.com.cn

231323J2X101ZBW

前言
PREFACE

习近平总书记在二十大报告中，提出了一系列关于教育的新观点、新思想、新要求。特别指出教育、科技、人才是全面建设社会主义现代化国家的基础性、战略性支撑。必须坚持科技是第一生产力、人才是第一资源、创新是第一动力，深入实施科教兴国战略、人才强国战略、创新驱动发展战略，开辟发展新领域新赛道，不断塑造发展新动能新优势。

办公空间设计最为重要的目标是为工作人员提供一个舒适、方便、安全、高效的工作环境，从而提高工作人员的工作效率。在互联网信息化高速发展的情形下，更多的企事业单位通过办公空间的设计打造企业文化。对于设计师而言，现代化办公空间除布局合理、装饰美观外，还需要创造性地设计出舒适的环保生态环境和人工智能环境，这就需要设计师掌握现代科技基本知识，积累丰富的实践经验。结合本书，可以参考以下几个设计的要点：

1. 要打破常规格局。在保证基本功能区正常使用的同时，室内空间的墙体分离，对栅栏进行重新思考，使用好倾斜度、弧度等隔板，丰富办公空间的组合。

2. 正确的人体工学尺寸。重视办公空间各处的尺寸设计，要求人体尺寸与动作行为习惯相融合。特别是细节尺寸不仅适合个体使用，还能满足公众的使用要求。

3. 选用新材料。调查当地室内装饰材料市场，找出流行、环保的室内装饰材料，特别是墙面和地面装饰材料，最大程度地区别家庭空间和办公空间的室内装饰材料，提高办公空间的新颖性。

4. 重视局部照明。强化局部环境照明，自然采光较弱的季节，强化办公室空间室内墙面或家具表面的照明投影，强化视觉对比效果，合理选择人工照明的灯具照射形式，考虑光源的发光强度、亮度、照度、色温等问题，这是空间照明设计的重点。

5. 要有柔软的装饰。色彩、质感丰富的柔和装饰陈列，可提高整体空间的档次。选择有金属质感的饰品，适当地增加软质布艺和绿化合理搭配，表现出丰富的视觉效果。

本书注重理论联系实际，文字简明通俗易懂，每章设有“本项目学习内容”“补充要点”“本项目小结”。全书共分为 7 个项目，以图文并茂的方式向读者讲解了办公空间设计的基本概念，办公空间设计与人体工程学的关系以及相关人体尺寸，办公空间绿化设计、照明设计等，并有大量办公空间设计、施工工程案例分析，通过本书学习，学生可以充分掌握专业知识和设计技能。最后本书附带PPT多媒体课件与设计资料，适合现代教学，同时也可供读者自学参考。

本书编写过程中得到清华大学美术学院环境艺术系宋立民教授和山东工程职业技术大学吕在利教授的指导，深圳信息职业技术学院池诗伟老师、湖北交通职业技术学院刘群老师参加了编写，特此表示感谢。

乔伟
于山东济南

目录 CONTENTS

项目5　办公空间照明设计

项目6　办公空间类型与布局

项目7　办公空间设计案例

项目1

办公空间设计规划与程序

学习目标：掌握办公空间设计工作流程，并对如何规划、设计、装修办公室、写字楼有所认识

重点概念：准备、方案设计、技术设计、施工图、施工与管理

本项目学习内容

办公空间除了美观、实用外，还要为客户需要的情境做出完整的规划，设计师要对客户提供的资料进行分析，完成方案初步设计、工程概算，并向客户说明施工过程、步骤、阶段。设计师用自己的设计风格来营造舒适的办公环境，满足客户的需求、愿望及期待（图1-1）。

图1-1：设计师也可以从空间环境的个别物件入手，以有序展开的方法，营造一个典型的房间，最后根据需要对内部空间进行整体调整。

图1-1　办公空间方案设计

1.1　办公空间设计规划

设计的最终目的是设计师将客户的想法转变成完美的设计方案，并能付诸实践。为了成功地实现这个方案，最重要的是要倾听客户的要求，了解他们对空间功能的需求和喜好，将设计师自身的知识储备、创造能力发挥出来，打造出完美的设计作品。

1.1.1 空间前期设计调研

设计师在实际工作中，大多数情况下都在向客户讲解自己的创作思想，再获得客户的反馈，将其整合到设计作品中。

例如，新办公空间是否如客户所期待的那样，他们所预计的装修实施费用是否和设计预期相差无几。设计项目最开始很大程度上是基于客户的意愿，当实践与预期发生矛盾时，设计师应当进行预先调研，最大程度去解决矛盾。

1. 了解客户

客户对空间的需要是根据办公性质与功能来设定的，从一个工作到另一个工作的流程可以相差很大，这些工作流程与办公空间设计是有逻辑联系的（图1-2）。

每个客户都是独一无二的，但是他们之间有许多相似之处与不同之处。因此，设计师不应该将客户机械地归类，套用固定的设计模版。虽然他们之间有相似之处，但是也要注重量体裁衣。

（1）单一地点的客户。倾向于每5～10年进行一次或两次的办公空间改造、翻新。这类客户对空间设计并没有明确的目标，只希望有全新的感受即可，至于投资预算、设计风格等，都需要设计师进行指导。

图1-2 科研办公空间

图1-2：客户与空间规划之间的差异由业务类型、业务需求、建筑结构、企业差别、经营理念等决定。科研公司要求封闭围合的洁净空间用于独立研发、测试工作。

（2）多个地点的客户。具有多个分支机构的客户，这类客户比较熟悉设计过程，对设计过程习以为常，他们会对设计师进行审查，并积极参与设计细节讨论，有自己的想法和诉求。

2. 聆听客户，了解设计意向

在设计中，设计师最重要的是要尊重客户，并且尽可能满足客户的需求。有时可能一个设计方案并不会满足客户的要求，需要提供多种解决方案。设计师提出多种设计方案后，由客户对设计方案作出最后决定。

设计师应当进行设计调查，全面掌握各种相关数据，为正式设计作好前期准备。事先了解客户的意向，在设计过程中就会轻松不少。设计调查注意以下几点：

（1）充分了解客户办公空间性质。不同企业的业务性质不同，对办公空间会有不同的使用要求，对于具体需求，应做好详细的访谈记录，减少双方沟通的矛盾与误解。

（2）了解空间职能。设计师应了解办公空间使用者的经营运作方式、工作职能、组织结构、具体分工配合关系等，通过这些细节来设计空间布局与内部交通流线，这是办公空间设计的重要依据。

（3）了解客户审美。设计作品最终是为客户服务的，因此与客户交谈过程中，重点要了解客户的审美倾向，通过审美点来开创想象力，从审美点中寻找创意点进行设计。

（4）了解预计投资和项目完成期限。任何设计项目都会受到投资额度制约，设计应根据资金投入的状况准确定位。同时要从经营效益角度考虑，严格控制设计与施工期限，合理设计工程进度。

3. 施工场地勘测

原始建筑设计图与现场尺寸会有一定差距，再详尽的原始建筑设计图也很难准确标记各部位细节，要到施工现场认真勘测，掌握第一手资料，根据实际情况展开设计（图1-3）。

（a）地面状况

（b）空间状况

图1-3 施工场地勘测

图1-3（a）：设计师应亲临施工场地，进行现场勘测，了解地理、建筑环境和各个空间的形态和衔接关系。如地面、墙面、顶面的尺度、平整度，以及采暖、通风、照明状况等。

图1-3（b）：测量并记录现有空间，考虑空间各界面的装饰造型、通风采光、水电设施等基础设计条件，为后期设计、施工奠定基础。

- 补充要点 -

办公空间的发展历程

1. 办公空间的诞生源于传教士的创想。在中世纪的欧洲，传教士具有极高的社会地位，为了处理日常事务，他们设计了最早的办公室雏形，一个固定的场所，加上几套简易桌椅等就成为处理文字工作的办公空间。

2. 现代办公的先驱温斯洛·泰勒（1856-1915）提出管理理论：人是生产线上的螺丝钉，每个人都应该在自己的座位上有序办公。

3. 现代办公环境的改变是由美国的现代主义建筑大师莱特尔20世纪30年代末设计的办公大楼开始。

1.1.2 设计工作安排

设计之初的主要工作包括设计初步图纸、准备设计委托书与合同、明确设计施工期限、考虑各相关工种的配合与协调等。

在准备设计工作计划的同时，必须了解相关政策法规，使用者社会文化背景，施工场地的环境、光照、气候等条件，明确设计任务和要求，做到：

（1）了解室内装修材料的种类和价格，收集分析必要的资料和信息，熟悉与设计相关的规范和标准。

（2）对现场的调查踏勘以及对同类型案例的研究等，然后对这些信息进行筛选、分类、汇总。

这些都需要设计师到施工现场进行实地勘察测量，方便在设计过程中随时思考，提取其中重要的细节，并运用到设计方案中去。

1. 制定设计委托书

设计委托书是设计说明书与设计图纸等文件的总称。在项目实施之初，要求确定设计的总体方向，从整体到细部都要准确设计，将必要的设计内容简洁表达出来。设计委托书要求能准确提出工程造价，完整、表现设计方案。

设计委托书在表现形式上会有不同类型，如会议纪要、设计协议、招标文件、正式合同等。设计委托书是制约委托方（甲方）和设计方（乙方）的重要法律文件，双方应当共同遵守设计委托书规定的各项条款，确保工程项目的顺利实施（表1-1）。

表1-1　制定设计委托书的主要要求

设计委托书的制定要求	主要表现
按委托方（甲方）的要求制定	在委托方设计概念的基础上，设计方要体现自己的创意构思，设计师要加强与委托方的交流合作，使设计方案充分体现委托方的设计意图
按等级档次的要求制定	根据委托方的投资额度、建筑物本身的条件、建筑周围的环境来制定
按工程投资金额要求制定	在委托方确定投资金额的情况下，根据方案设计制作预算，明确工程施工实际所需的金额

在大多数情况下，设计委托书都是以合同文本的形式出现，主要包括以下内容：工程项目地点、工程项目范围与内容、不同功能空间的划分、设计风格与审美倾向、设计施工进度与图纸类型。

2. 分析设计委托书

设计师拿到项目设计委托书之后，要对内容含义进行深入分析，主要包括两部分内容：

（1）项目分析。明确设计任务，对设计项目深入分析，明确该设计项目的使用性质、功能特点、设计规模、等级标准、资金情况、设计风格等。

（2）调查研究。考察设计现场，明确现场方位、交通状况、建筑结构状况。调查当地装饰材料市场情况，明确所选用材料的种类、价格、可行性。考察同类办公空间案例，了解使用情况与遇到的问题。

1.2　办公方案设计阶段

这个阶段需要设计师进一步收集、分析、运用与设计任务有关的资料与信息，提出有针对性的解决办法，进行方案初步设计。要对初步方案进行分析和比较。

1.2.1 方案初步确定

初步设计方案图纸内容丰富。下面介绍一项办公空间设计案例，从基础平面图到实景照片，完整展示了现代办公空间设计模式。设计构思从功能入手，根据使用需求对室内空间进行分区，接着细化分区中的家具布置，严格限定空间形态，在任何一处都表现出严谨的区域形态，让走道与办公区之间形成既紧密，又宽松的形态。这套设计方案还包括强、弱电图，让功能设计更完善。最后搭配施工完毕后的实景照片，强调灯光重点照明的聚光效果，加强室内家具材质之间的对比关系，让深灰色与浅色木纹形成较强的视觉对比，提升办公空间的动感与活力（图1-4～图1-11）。

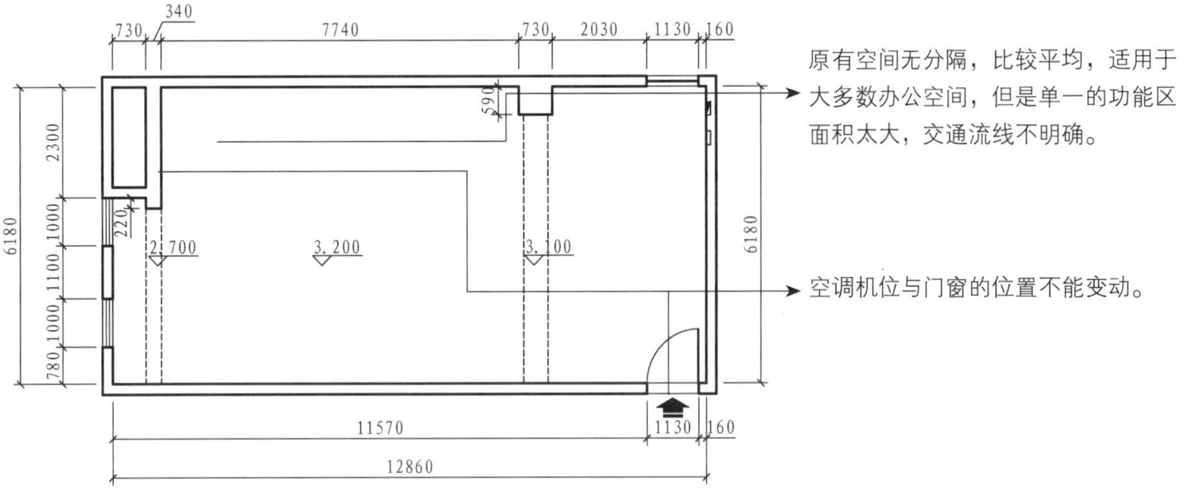

图1-4　原始建筑图

图1-4：建筑的原始结构图即毛坯房，其包括墙体、梁、柱、电箱、窗户等。

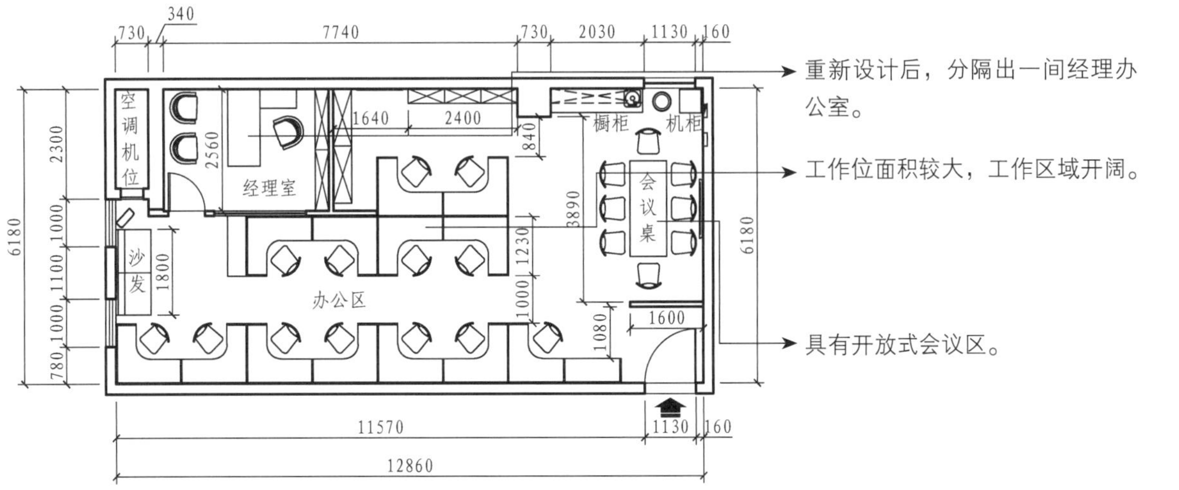

图1-5　平面布置图

图1-5：常用比例为1：50和1：100，设计师应结合平面布局规划，推敲空间的形式，使它不仅符合形式美的规律，而且具有深刻的美学意义。

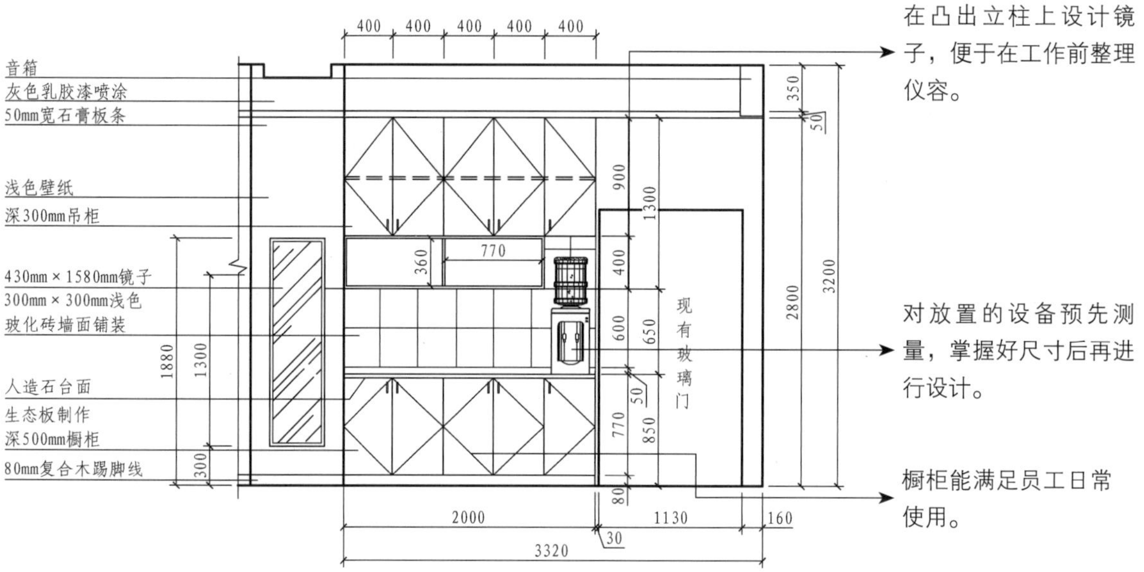

图1-6　橱柜立面图

图1-6：橱柜上下都设置柜体，提供后期存放物品等收纳空间，提高空间利用率。

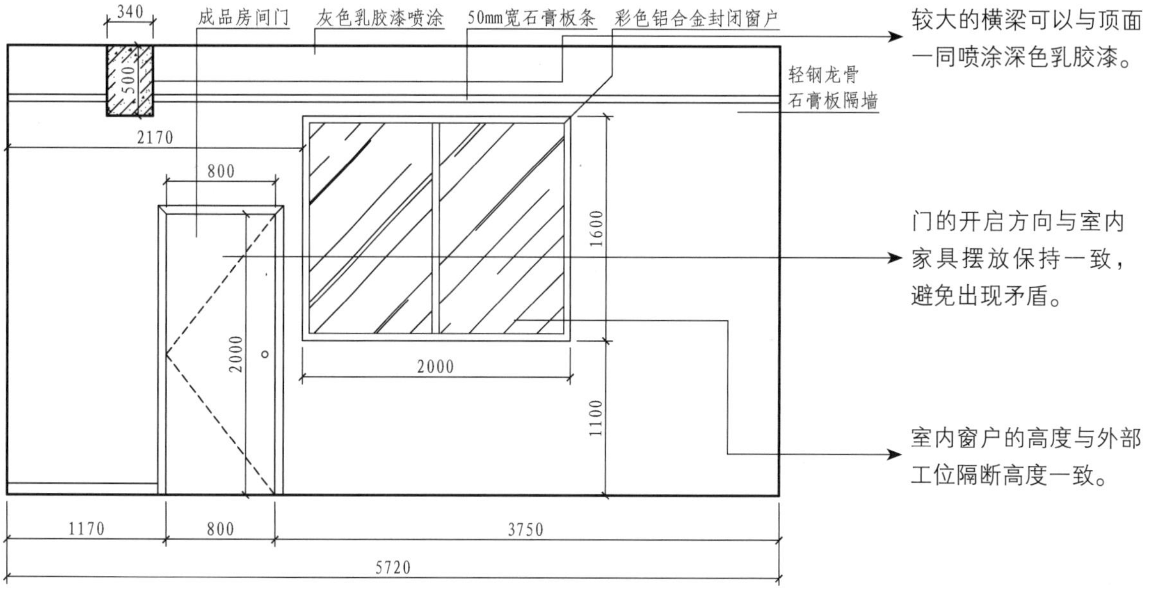

图1-7　总经理办公室外墙

图1-7：为保证总经理办公的私密性，使用石膏板进行隔断，将其办公室与外部员工办公区进行隔离。

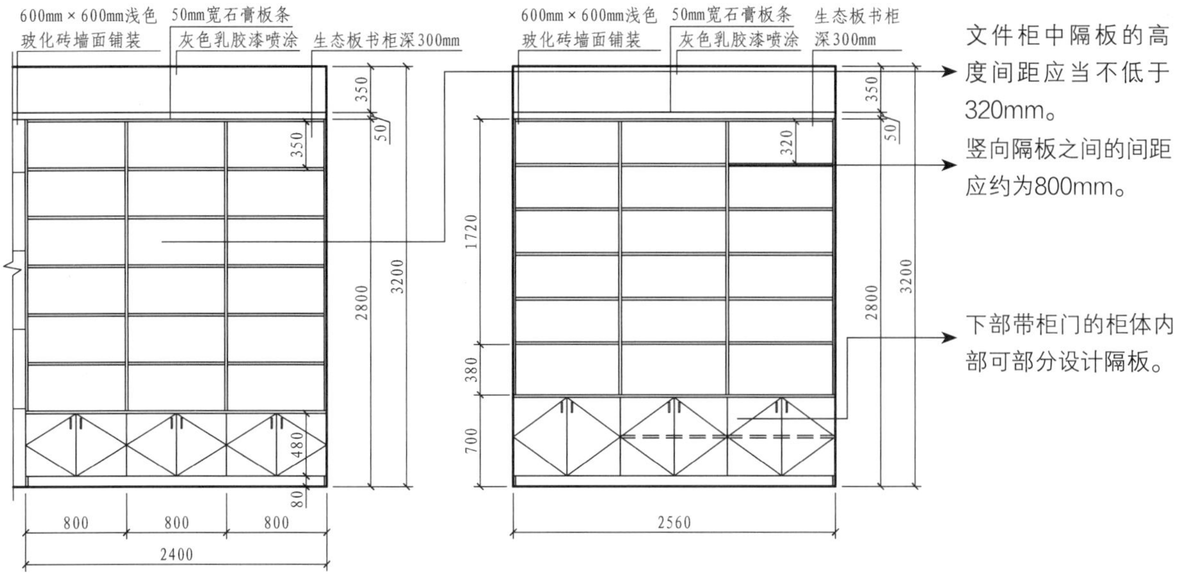

图1-8　文件柜立面图

图1-8：常用比例为1：20 和1：50，是设计过程中的常用图例，最主要的目的是表现设计的概念意图和艺术氛围。

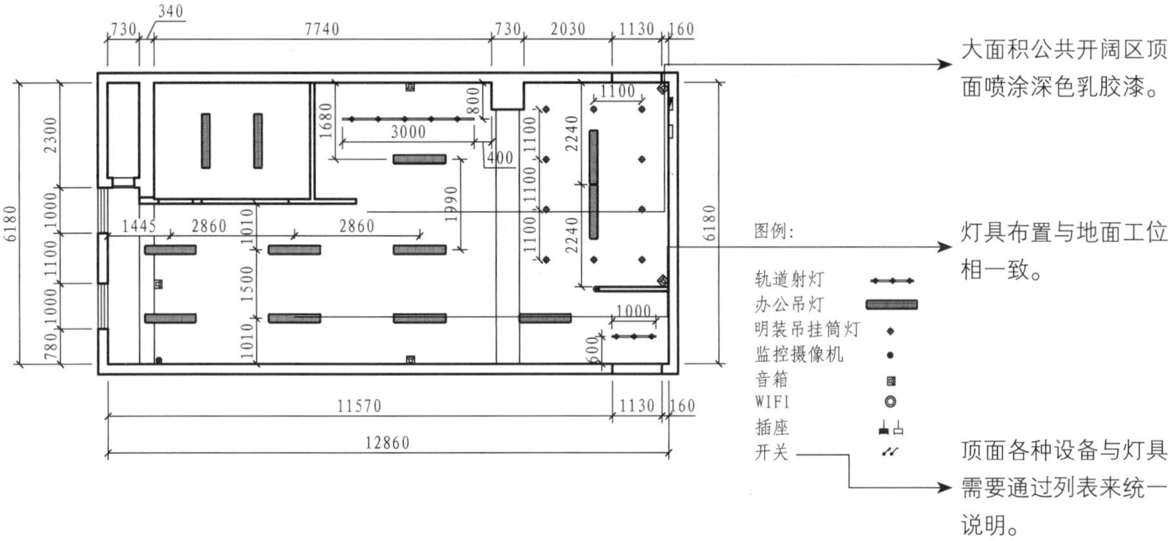

图1-9　天花平面图

图1-9：房屋的顶面布置，这里应注意灯具、设备的标示。

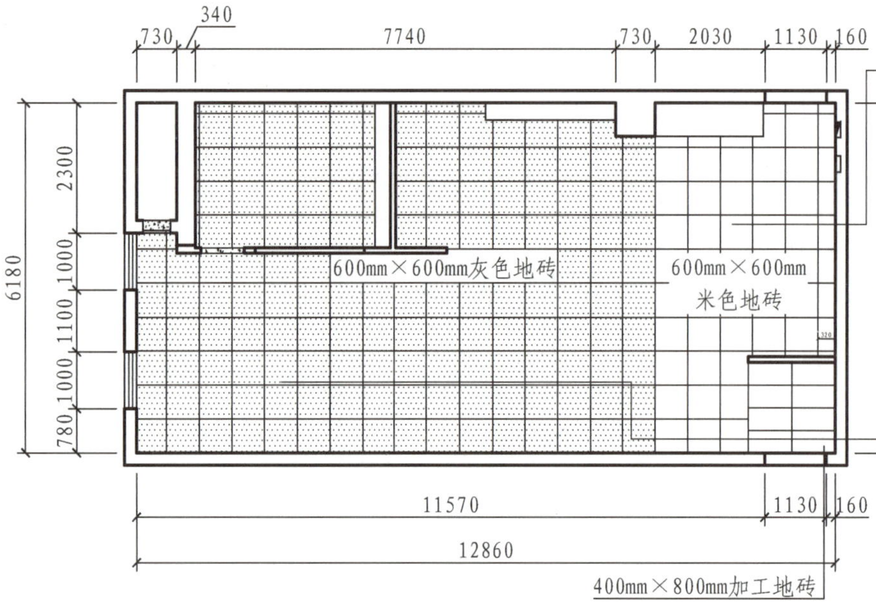

地面铺装材料应当整齐统一，公共区与人流量较大区可以铺装米色地砖。

经理办公室与办公区可以铺装灰色地砖。

图1-10　地面铺设图

图1-10：标注具体的地面区域所用的材质种类，以及拼接手法，具体以现场复核为准。

图1-11（a）：与设计图进行对照，就能深刻把握设计图的表意，功能空间划分完善，对施工细节控制到位。

图1-11（b）：实景拍摄是设计施工后期不可缺少的关键表现途径，相比其他效果图表现，能总结和归档设计作品。

图1-11（c）：开放式会议桌满足公司会议、休憩等多种功能需求，使空间利用最大化，避免造成空间资源浪费。

图1-11（d）：在开放办公区与总经理办公室中间设置打印区，方便人们进行办公打印。文件柜主要用于存放公司部分文件以及公司成果展示，让客户对于公司有进一步的了解与认识。

（a）办公会客区

（b）办公区

（c）办公会议区

（d）打印机、文件柜

图1-11　实景拍摄对照

1.2.2 办公空间装修概算

很多办公空间设计项目一开始并没有更多地顾及预算，但在设计过程中应尽早考虑这个问题。没有明确的投资预算，是不可能确定真实设计方案的。

概算是施工企业招标、投标和评标的依据。办公空间装饰工程应采用“定额量、机械费、市场价、总造价”的形式来编制工程装修概算。

（1）定额量。指按设计图纸和概预算定额相关规定确定的主要材料的使用量、人工工时费。

（2）机械费。指按国家定额标准中设定的机械费，测定使用系数后，经过计算得到的费用。

（3）市场价。采购材料价格、工资单价均按市场价计算，特殊材料与辅料部分价格可以自行调整。

（4）总造价。以定额量、市场价为主，确定工程直接费，并由此计算企业利润、税金、经营费等，汇总计算出的工程总价格。根据总造价可以确定办公空间的装修档次，按建筑面积计算，每平方米装修价格在1500元以上为高端办公空间，每平方米装修价格在800～1500元为中端办公空间，每平方米装修价格在800元以下为中低端办公空间（图1-12）。

（a）高端预算办公环境

（b）中低端预算办公环境

图1-12 分档制定预算

图1-12（a）：高端的预算往往允许更宽敞的走廊、更开放的空间、更大的会客区和会议室等，幕墙面积更大，采光效果更好。

图1-12（b）：中低端的预算对地面、墙面、顶面的装修材料选用有限定，但是对办公家具的使用功能还是能保证的，只要照明充足，能满足各种办公需求。

1.3 施工图绘制阶段

设计方案经客户通过后，即可进入施工图设计阶段。施工图是对初步设计方案的深化，是设计与施工之间的桥梁，是现场施工的重要依据文件。

1.3.1 专业施工图

这些图纸主要表现地面、立面、顶棚的构造样式，材料分界与搭配比例，其中在顶面图的基础上，标注消防烟感喷淋、供暖通风、照明、音响设备等各类管口的位置，可以衍生出消防设备平面图等多种专业施工图（图1-13）。

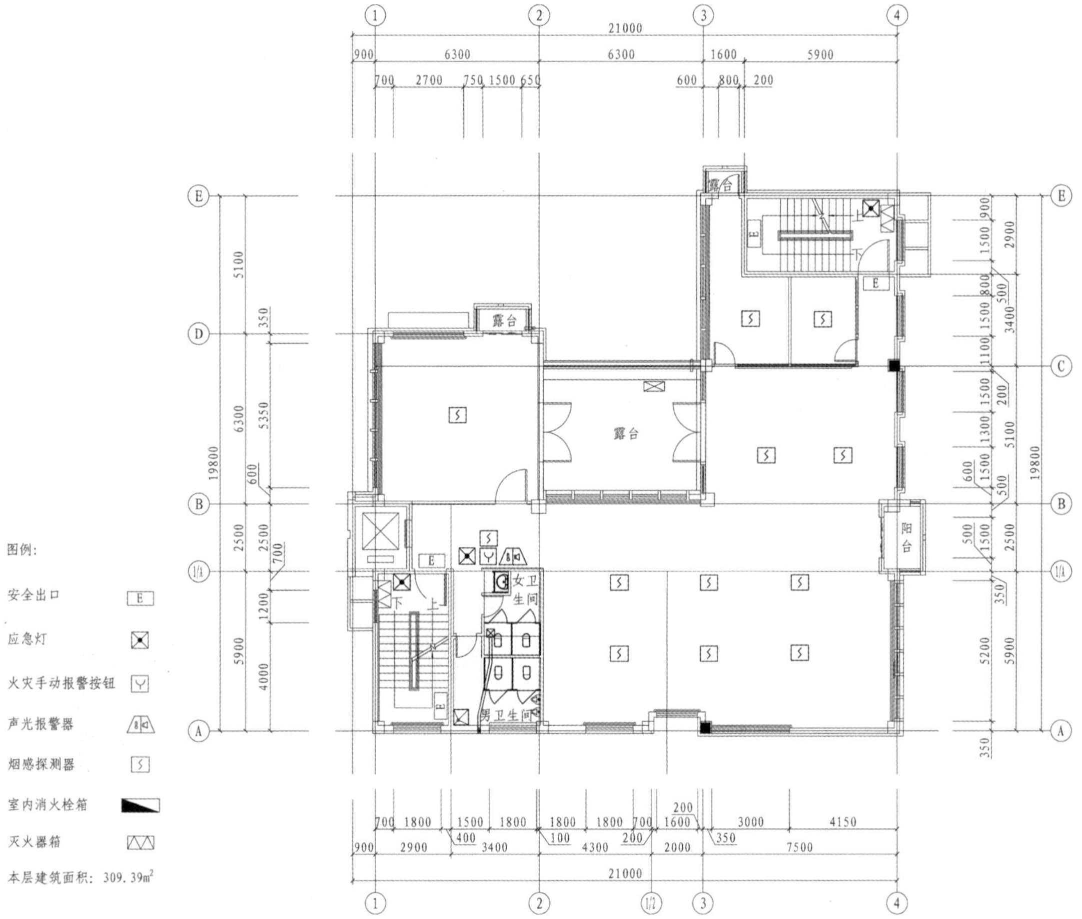

图1-13　消防设备布置图

图1-13：消防设备是办公空间不可缺少的。在完工验收时要进行对照图纸检测，设计中要准确标识出消防设备的位置，指明消防设备的功能。消防设备布置图属于专业施工图中的重点图纸。

1.3.2 构造详图

构造详图主要包括剖面图、节点详图等。其中剖面图应详细表现不同材料与材料之间、材料与界面之间的连接构造。节点详图是剖面图的进一步详解，其细部尺度多为不同界面转折和不同材料衔接过渡的构造表现（图1–14）。

方案图设计阶段注重设计形式感，表明最初的设计创意与构想，在图纸中绘制的内容以家具、墙体、通识构造为主，能让读图者快速识别，理解设计师的意图。一套完整的施工图纸应该包括：界面材料与设备位置，界面层次与材料构造，细部尺寸与图案样式这三个层次的内容（表1–2）。

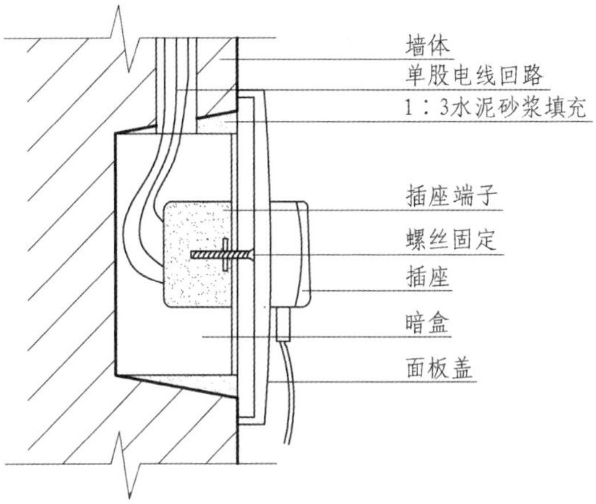

（a）电源插座剖面图

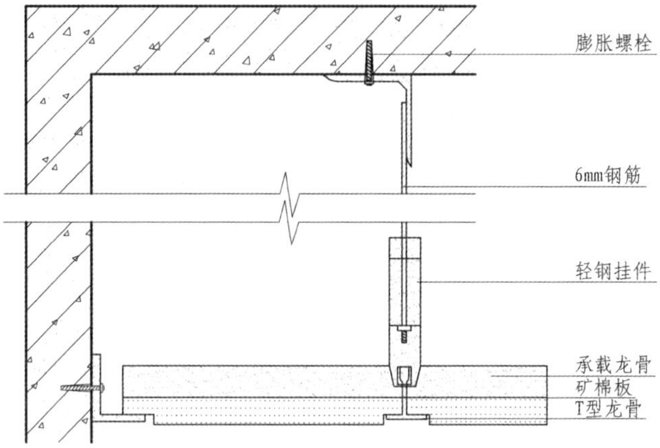

（b）硅钙板吊顶节点详图

图1–14 构造详图

图1–14（a）：插座的安装方式较多，通过剖面图绘制，能明确施工标准，保证施工质量。

图1–14（b）：硅钙板吊顶是办公空间常见构造，对其进行剖切后，呈现出内部构造，并放大绘制，详细标明节点构造，指出所选用的材料名称，为施工员提供重要参考。

表1–2 施工图纸的主要内容与主要表现

主要内容	主要表现与常用比例
界面材料与位置	主要表现在平面图和立面图中，用于表现地面、墙面、顶棚等的构造样式，材料划分与搭配比例，标注灯具、供暖通风、给排水、电器等的位置、型号等信息；常用比例为1：50、1：20、1：10
界面层次与材料构造	主要表现在剖面图中，详细表示不同材料与界面之间连接的构造；由于很多现代材料都有各自标准的安装方式与要求，因此剖面图的绘制主要侧重于剖面线的尺度与不同材料的连接方式；常用比例为1：5
细部尺度与图案样式	主要表示在细部节点详图中，它是剖面图的详解，而细部尺寸多为不同界面转折或不同材料衔接过渡的构造表达，常用比例为1：1或1：2；图案样式多为平立面图中特定装饰图案的施工放样表现，而自由曲线多的图案可根据具体情况决定相应的尺度比例

1.4　设计施工阶段

设计施工阶段也是工程的实施阶段。施工是实施设计的最终手段，施工质量的优劣又直接关系到设计的品质。

1.4.1　实施设计方案

在开工之前，设计师应当熟悉原建筑物的设计状态，理清水、电等设备衔接，抓好设计各阶段的关键环节，充分重视设计、施工、材料、设备等各个方面细节，使设计取得预期效果。设计方案出来后应向施工单位进行设计意图说明与图纸技术交待。施工期间，要对应图纸要求核实施工情况，特殊情况还需要根据现场环境对图纸进行局部修改或补充，由设计单位出具修改通知书与技术图纸。施工结束后，同质检部门和建设单位进行工程验收。

办公空间设计项目涉及的施工安装较复杂，如办公设备、照明设备、消防设备等的安装除了按各自的技术标准执行以外，更重要的是各专业之间的协调问题。消防设备与电气设备应当在设计之初考虑，不能等到施工时才想起，这些设备构造的安装应当分包给专业技术人员或企业来承担。设计师应该具备良好的沟通与协调能力，能与其他专业技术人员密切配合，方能确保设计构想的实现和施工的质量。

1.4.2　装修施工防火规范

在进行民用建筑内部装修设计时，应严格遵照现行国家标准GB 50222-2017《建筑内部装修设计防火规范》的要求，选用合适的内部装修材料及妥善的构造做法，做到防患于未然。民用建筑内部装修防火设计应符合规定（表1-3）。

表1-3　　民用建筑内部装修防火设计

序号	建筑内部装修部位	防火措施
1	图书室、资料室、档案室、文物存放室	顶棚、墙面装修材料应为A级，地面装修材料应不低于B级
2	大中型电子计算机房、中央控制室、电话总机房等特殊贵重设备用房	顶棚和墙面装修材料应为A级，地面及其他装修材料应不低于B级
3	消防水泵房、排烟机房、固定灭火系统钢瓶间、配电室、变压器室、通风和空调机房等各类动力设备用房	内部所有装修材料均应为A级
4	无自然采光楼梯间、封闭楼梯间、防烟楼梯间等疏散通道	顶棚、墙面和地面装修材料均应为A级
5	有上下层相连通的中庭、走马廊、开敞楼梯、自动扶梯时	连通部位的顶棚、墙面装修材料应为A级，其他部位装修材料应不低于B级
6	除地下建筑外，房间无窗时	无窗房间的内部装修材料的燃烧性能等级除A级外，应在有关规定的基础上提高一级
7	顶棚和墙面上局部采用多孔或泡沫塑料时	厚度不应大于15mm，面积不得超过该房间顶棚或墙面积的10%，减少火灾中烟雾和毒气的危害

续表

序号	建筑内部装修部位	防火措施
8	照明灯具	材料的燃烧性能等级不应低于B1级，当靠近非A级装修材料时，应采取隔热、散热等防火措施
9	挡烟垂壁	采用A级装修材料制作，减慢烟气扩散的速度，提高防烟分区排烟口的吸烟效果
10	沉降缝、伸缩缝、防震缝等	变形缝两侧的基层装修材料应为A级，表面装修材料应不低于B级

本项目小结

本项目从宏观到微观，对办公空间设计程序进行了一个系统而又具体的介绍，讲解了办公空间的设计步骤，设计师在设计中需进行前期调研、制定工作计划、方案设计以及施工图绘制，最后进行现场施工。还讲解了办公空间装修中会涉及的相关工程量计算，旨在指导大家更科学化地进行设计。

课后练习

1. 详细描述办公空间具体的功能。
2. 解释设计概算与施工图预算的区别。
3. 根据自己的理解解释施工图与方案图的区别。
4. 详细描述办公空间的未来发展趋势。
5. 举例说明影响装修预算的几个因素。
6. 谈谈施工阶段在方案设计中的重要性。建议完成课时：2课时。
7. “用发展的眼光看问题”，对待事情我们要以长远的眼光看待问题。作为设计师也是如此，在设计过程中我们需了解设计阶段，请简述办公空间的设计流程分为哪几个步骤。

项目2

办公空间与人体工程学

学习目标：熟悉人体工程学的基本知识，掌握办公空间与人体尺寸之间的关系，了解办公空间环境营造的基本方法

重点概念：活动空间、人体工程学、人体尺度、环境心理

本项目学习内容

办公空间的平面布置应考虑家具、设备尺寸等细节。当办公人员使用家具、设备时，存在必要活动空间，根据使用功能要求重新组合房间，安排出入口与工作位置。精细设计各办公区域之间的面积比例，区域面积应根据办公空间的规模、使用性质、政策标准来确定（图2-1）。

图2-1：办公休息区一般设置在公司较为宽敞的区域，方便员工前往，满足员工休息、交流的功能需要。

图2-1　办公休息区

2.1　办公活动空间类型

活动空间由实地情况决定，根据具体空间状况、条件限制进行相应调整。通常活动空间可以分为物体移动空间、步行空间、剩余空间与不规则空间等几种区域，对这些区域进行分别设计，再组合在一起。

2.1.1 家具移动所需空间

用于搬移办公桌椅、文件柜、办公设备的周转空间，尤其是柜门和抽屉这两种家具功能构造的活动所需空间。设计师应当安排空间布局形式，满足各种收纳功能需求，划分出合理数量的空间区域，方便家具搬运、移动和使用。

空间设计取决于这些家具的使用方式。例如，办公桌旁的椅子主要是移入、移出桌底，以及移到桌前或桌面，而台柜旁的椅子则是沿着台柜摆放或是围着台柜摆放。在设计时应当就这些家具的使用方式对使用者进行询问或观察，所得出的结论能快速引导这些空间的面积设定，以安排更多有效空间（图2-2）。

图2-2 可移入、移出桌底的办公椅

图2-2：设计师可以就家具的使用类型与方式对使用者提出询问，而这些回答将会引导设计师寻找、决定适当的空间比例，以安排活动所需的空间。

2.1.2 步行空间

步行空间是指过道，过道处于办公区之间、文件柜之间，一个区域与另一个区域之间等开放公共空间。这些空间可以设计为过道、走廊、通道、安全出口，甚至对地面表面进行局部处理，对地面进行抬升或下沉设计，将地面标高重新指定，变化出更多形式，满足不同功能和形式上的需求。

1. 双通道

双通道即双人步行过道。在需要设置多条过道时，大部分客户不愿在过道上花费过多面积。为节省双通道的占地面积，应当认真考虑。

当过道日均少于50人通过时，可以考虑适当减少过道宽度，宽度可设计为1200mm以下（图2-3）；当过道两侧需开关柜门、抽屉，或文件柜等其他家具会占用走道空间时，可以设计左右滑动的家具，这样占地面积会小很多，所需的站立操作空间能够构成这个走道的最小尺寸（图2-4）。

图2-3 减少双通道宽度

图2-3：为节省双通道的地面面积，可以减少走道宽度，但是作为双通道，宽度最低应当保证两个人可并肩通行。

图2-4 避免使用“双倍”空间量的家具

图2-4：过道两侧需开合的柜门、抽屉等家具构造需要具备一定的使用空间，可以在走道的宽度上增加一边柜门或抽屉的拉开深度，可以根据需要设计滑动开门的家具。

一方面能减少过道的面积，另一方面能空余出不少空间来安放其他物品。

2. 公共走廊

公共走廊是办公空间的主循环流线，可以根据需要在各楼层中设计。这种形式适合共享办公空间，当空间中有多个单元办公空间共存时，公共走廊使人不用通过独立的单元空间，能直接进入到位于共享空间中央的单元空间。

3. 疏散通道与疏散门

办公空间内的疏散通道和疏散门应当符合国家规范和标准，门的开启方向应当为逃生下游通道或出口，在火灾发生时，人员能顺势推开门疏散或逃生（图2-5～图2-7）。

- 补充要点 -

设置必要的安全疏散设施

办公空间中的地下室和半地下室的防火分区内应设置两个以上的安全疏散出口。有两个及以上防火分区，相邻防火分区之间的防火墙上应设有防火门。

1. 疏散楼梯间。楼层之间应设置疏散楼梯间，各楼层疏散楼梯间应设置在同一垂直位置上。并且楼梯间的入口处应设置前室、阳台或凹形走廊等。前室与楼梯间的门需设置乙级防火门，每层楼梯的宽度按通过人数计算，每100人不小于1000mm，楼梯最小净宽应在1000～2000mm。

2. 疏散照明。在楼梯间室内墙面上、走廊墙面或顶面下、厅和大堂的顶面或墙面上、楼梯口和疏散口的门上等。

3. 疏散导向指示。设置在疏散门的顶部、疏散走廊、走廊转角处距地面高度1000mm以下的墙角位置上。注意走廊内的疏散导向指示灯设置距离应小于20m。

图2-5　大厅疏散通道

图2-6　固定座位场所的疏散通道

图2-7　疏散门

图2-5：通道的出口和外部疏散过道的总宽度分别按通过人数计算，每100人不少于900mm，特殊情况，比如阶梯地面宜按通过人数每100人不少于1200mm计算。疏散出口的门内与门外1400mm内不宜设置台阶踏步，门应向疏散方向开启，同时出口与过道的最小净宽不能小于1400mm。

图2-6：会议室、多功能厅等设有固定座位的场所，内部疏散过道的净宽应按通过人数计算，每100人不少于800mm，最小不宜小于1000mm，边过道的最小净宽不宜小于800mm。

图2-7：首层单个疏散门的净宽度不能小于1200mm，单面布局的房间，走廊的净宽度应大于1300mm；双面布局的房间，走廊的净宽度应大于1400mm。

2.1.3 剩余空间与不规则空间

建筑的形状和大小各异，客户对空间的需求也大不相同，因此办公空间设计要求能与建筑平面布局完全契合。但是在建筑空间中必定会有一些不规则或剩余的空间出现，尤其是存在一定倾斜角度造型的建筑空间。

往往这些空间，需要设计师别出心裁地构想出一些有效的方式来对其进行安排或利用，如融入过道或走廊，融入办公室或办公区域，布置艺术品或绿化，临时放置椅子等。当然，对于这种在平面布局中的非办公功能区必须获得客户认可才行。最好将这些空间与办公功能相关联，如档案室、工具间、临时办公室等。

2.2 办公人体工程学

2.2.1 人体工程学概念

不同国家对人体工程学（Ergonomics）有多种称谓。在欧洲有人称之为工效学、人类工程学，在美国称之为人类工程学、人因工程学，日本称之为人间工程学。而我国目前除使用上述名称外，还译成宜人体学、人体功效学、人机工程学等。

国际工效学会的会章中将工效学定义为："研究人在工作环境中的解剖学、生理学、心理学等诸方面的因素，研究'人—机器—环境'系统中相互作用着的各个组成部分（效率、健康、安全、舒适等）在工作条件下，如何达到最优化的问题。"

人体工程学是研究人和与人相关的物体（家具、机械等）、系统以及环境的科学。它符合人体的生理、心理及解剖学特性，从而改善工作与休闲环境，提高舒适性和效率。在人体工程学中，始终贯彻以人为本的理念，对人的因素研究最多。同时，也是最重要的是将人的因素放到"物""环境"这个系统中进行思考（图2-8）。

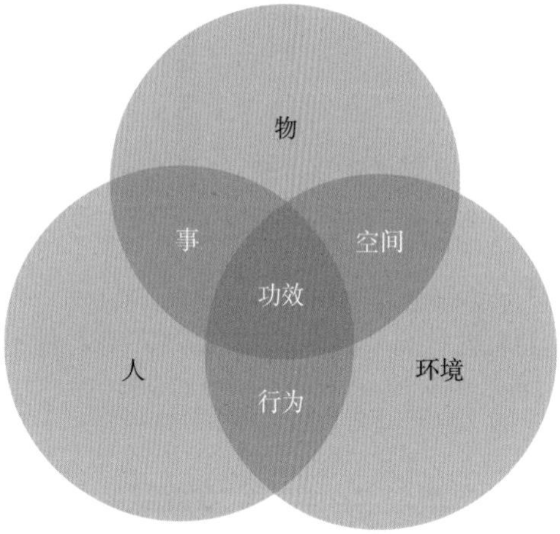

图2-8 人-机器-环境的关系

图2-8：人与物构成"事"，满足人们活动的功能需要；物与环境形成空间；人与空间构成活动的平台；三者之间相互影响与交融，其核心是提高功效，即使物与人、物与环境、人与环境相互协调，以求得工作与生活的舒适、简便、安全、高效。

2.2.2 人体工程学应用

19世纪末，西方国家的资本主义大生产由于工人劳动强度大，出现了工人工作效率低、操作失误等现象，便开始了人类工效学的研究。在长期实践中反复研究如何减少人在工作中的疲劳，通过改善人体、人机环境可减少工人劳动疲劳来提高工作效率。

以办公空间中最常见的座椅为例，普通且方正的椅子生产成本低，但是使用舒适度差，在工作中会让使用者感到疲劳，工作效率低。经过设计和改良后的现代多功能座椅会让人感到舒适，提高了工作效率（图2-9）。

桌子是办公空间中的主要家具之一，需要经过人体工程学研究并设计，在长期发展过程中，办公桌的功能和构造都发生了很大变化，主要包括结构简洁的单体办公桌（图2-10）和组合办公桌（图2-11）。

图2-9（a）：木质结构椅子造型简洁，适用性强，生产技术成熟，成本低廉，90°靠背久坐会令人感到疲劳不适。

图2-9（b）：经过软质材料包裹的椅子舒适性好，但是比较沉重，不便移动，不适应交互式办公。

图2-9（c）：经过人体工程学研究后设计的椅子，轻巧便捷，能调节角度与高度，适合不同体型的使用者与各种办公环境。

（a）木椅子

（b）软包钢管椅

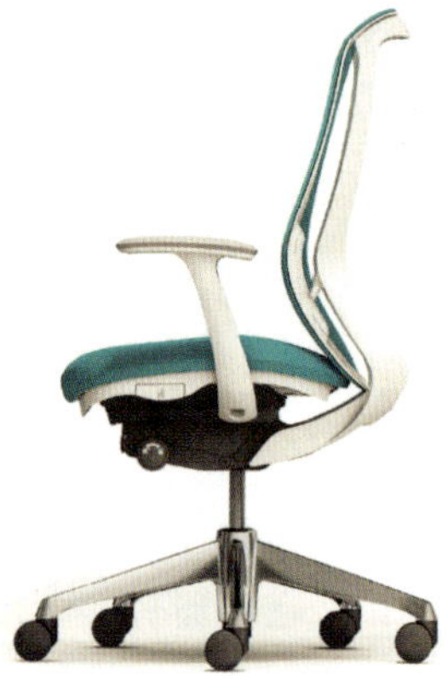

（c）人体工程学转椅

图2-9　三种座椅

图2-10：造型简洁的办公桌成本低廉，桌面可用面积小，腿部空间小，储藏空间有限。

图2-11：经过人体工程学研究后设计的办公桌，能形成相互不干扰的独立区域，能进行多种形式办公，桌面呈转角状，高低两级桌面轻松放置各种办公用品，其中还包含午休折叠床。

图2-10　简洁单体办公桌

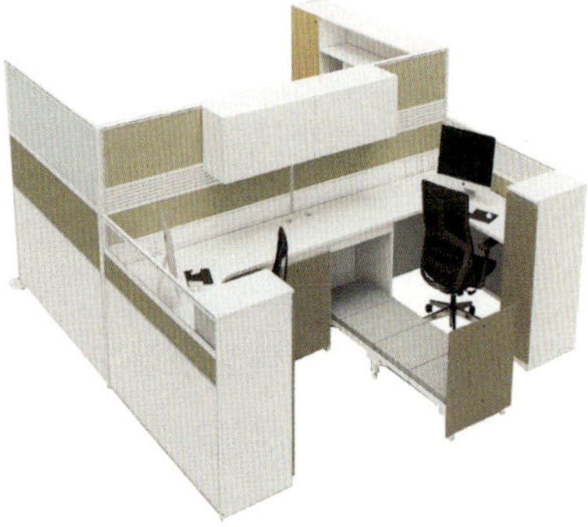

图2-11　组合办公桌

- 补充要点 -

吉尔布雷斯夫妇的“砌砖实验”

弗兰克·吉尔布雷斯（1868—1924）是一位工程师和管理学家，科学管理运动的先驱者之一，其突出成就主要表现在动作研究方面。莉莲·吉尔布雷斯（1878—1972）是弗兰克的妻子，她是一位心理学家和管理学家，是美国第一位获得心理学博士学位的妇女，被人称为“管理的第一夫人”。

他们利用当时问世不久的连续拍摄的摄影机，将建筑工人的砌砖作业过程拍摄下来，进行详细分解分析，精简掉所有非必要动作，并规定严格的操作程序和操作动作路线，让工人像机器一样刻板“规范”地连续作业。他们合著的《疲劳研究》（1919年出版）更被认为是美国“人的因素”方面研究的先驱。

2.3 办公与人体尺寸

办公空间尺度、家具设施尺度、家具之间尺度，都必须以人体尺度为主要依据，由人体工程学统筹安排。座椅的高度会直接影响到人体的坐姿与人体自身重量的受力程度分布，高度不合理会降低工作效率。办公人员的工作空间和活动范围等设计必须参照人体尺寸。常用人体尺寸包括静态尺寸和动态尺寸，在设计中，处于静态工作的空间多设计为静态尺寸，如工位；处于动态工作的空间多设计为动态尺寸，如会议室、茶水间等。

2.3.1 人体静态尺寸

人体静态尺寸主要指由人体处于固定标准状态下测量尺寸，这也是人体工程学研究中最基本的数据之一（表2-1）。在办公空间设计中，人体的静态尺寸与人体相关联的物体密不可分，如资料、设备等。主要测量的人体结构尺寸有身高、眼高、肩宽、手臂长等。

表2-1　人体静态尺寸测量数据

立姿测量	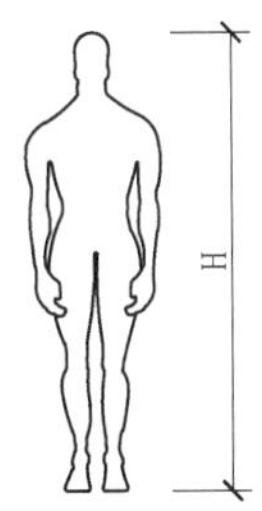	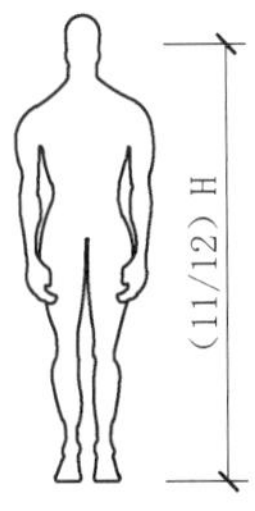	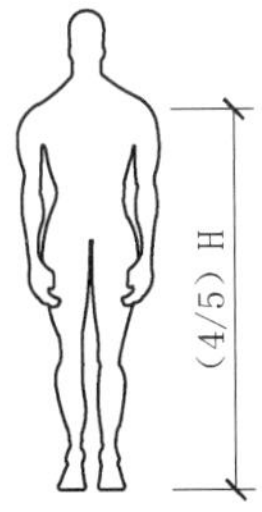	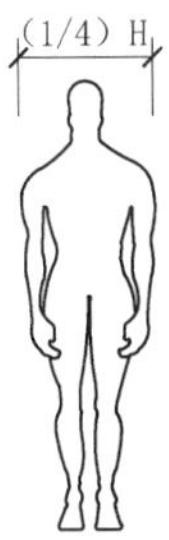	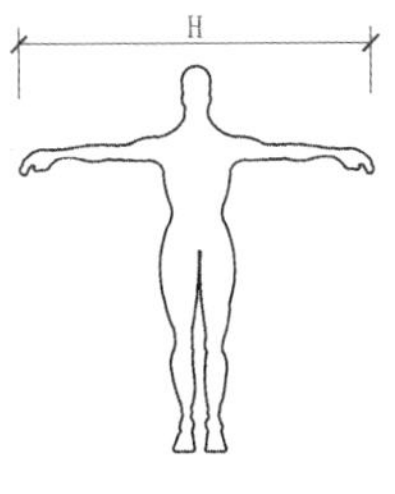
	身高	眼高	肩高	肩宽	双手展宽

续表

立姿测量	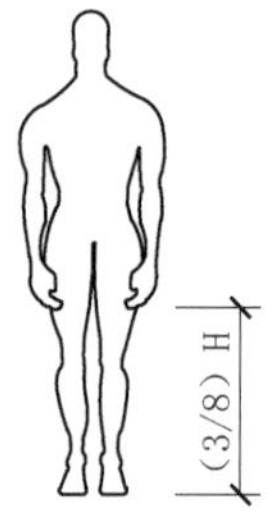	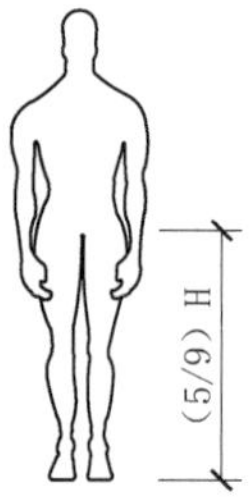	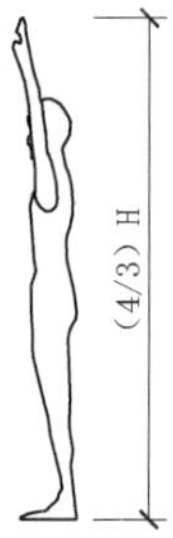	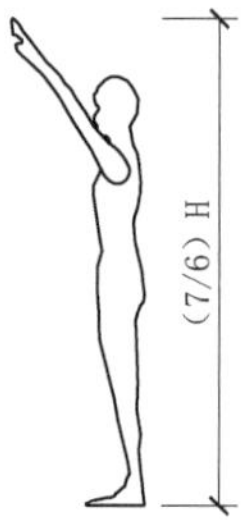	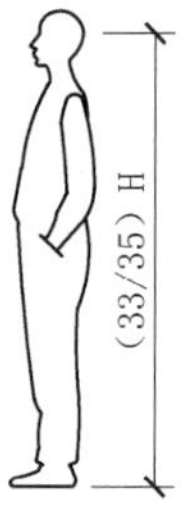
	手指高	人体重心高度	举手到达最高处	柜存物体最大高度	屏风式隔断最低高
坐姿测量	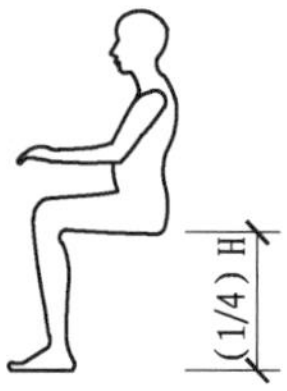			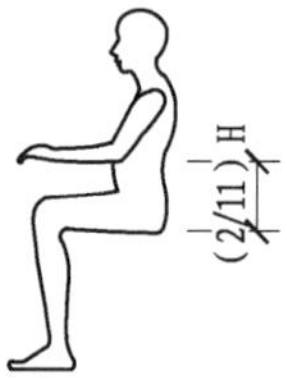	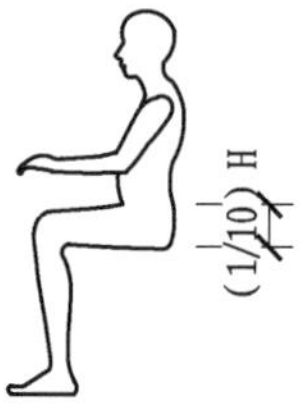
	坐高（下身）	坐高（上身）	坐深	坐姿肘高	坐姿大腿厚
	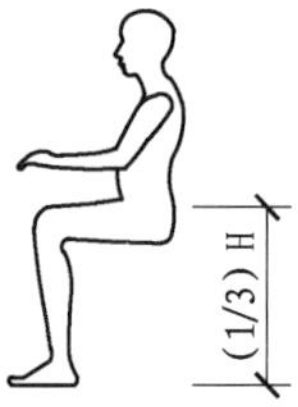				
	坐姿膝高	坐姿大腿宽	肘间距	坐姿臀宽	

1. 身高

身高的数据可以用于确定通道和门的最小高度（图2-12）。在身高的基础上，还要考虑人行走时的摇摆幅度，门的高度可在人的高度基础上增加200～300mm。

楼梯间休息平台净空高度至少在2200mm。楼梯走道净空至少在2300mm。这些高度设计应当保证人在抬手过头顶后不会触碰到顶面。

2. 肩宽

肩宽尺寸可以用于确定排列整齐的座椅之间的间距，同时能确定公用和专用空间通道的宽度（图2-13～图2-21）。例如，一个人的肩膀宽约为600mm，再考虑人行走时的摇摆幅度（约为100mm），那么设计一条容纳两个人行走的过道，理想宽度应为1300mm；在一人行进、一人侧避的情况下，宽度应为900～1000mm。

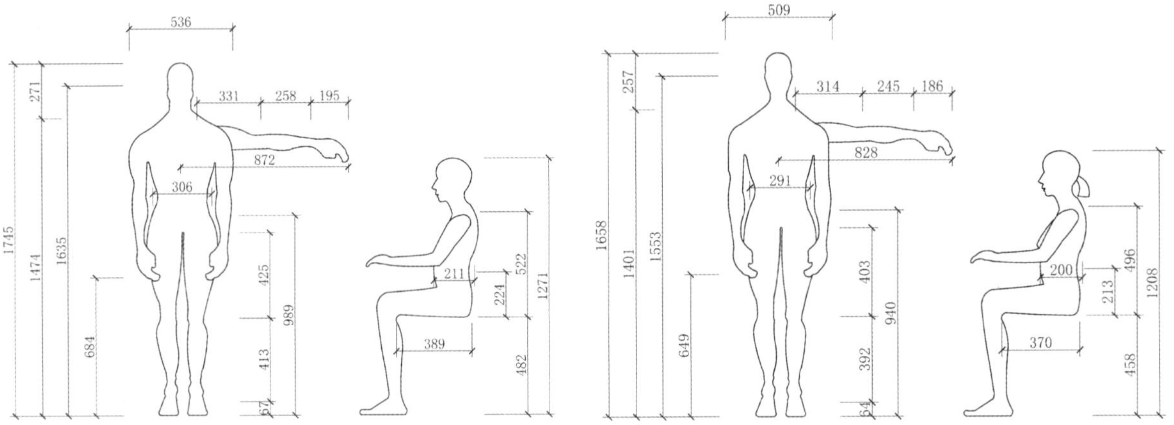

（a）男性人体尺寸　　　　　　（b）女性人体尺寸

图2-12　我国成年人体平均尺寸

图2-12（a）：男性的平均身高约为1.74m，办公区域的最高高度要以男性的尺寸为主，保证男员工的正常通过。

图2-12（b）：女性相较于男性，平均尺寸较小，在部分橱柜、办公桌的尺寸设计上需考虑女性适用的尺寸，方便女员工办公。

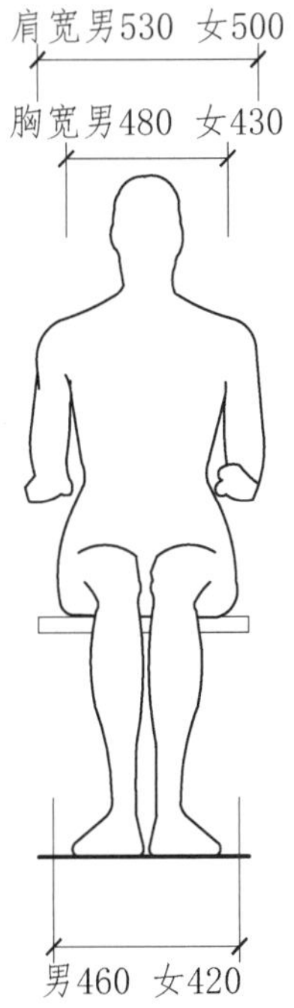

图2-13　肩宽确定座位宽度

图2-13：在设计办公桌时，肩宽数据具有重要意义，不同的肩宽对桌面的宽度及长度都有不同的要求。

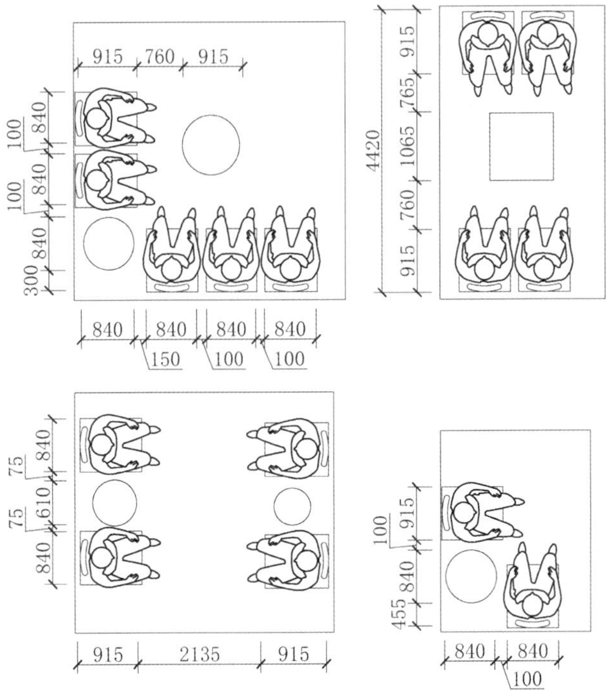

图2-14　接待空间等候区的平面尺度

图2-14：不同人数的接待等候区所占用的空间有所不同，可根据场地面积以及客户需求进行针对性的设计。

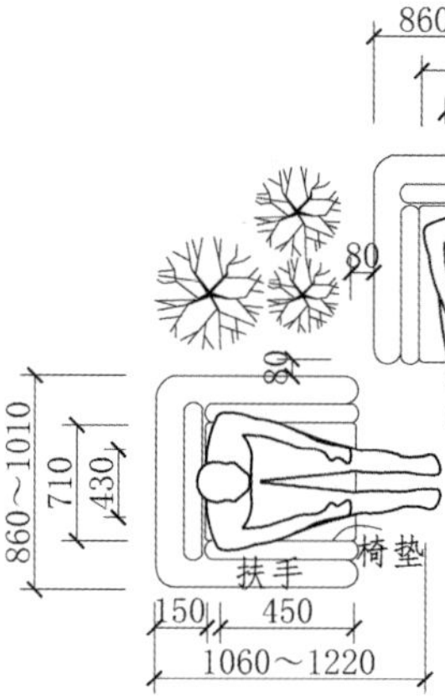

图2-15　拐角处沙发椅布置

图2-15：拐角处沙发一般设置单人沙发，沙发尺寸仅需要满足一人坐姿尺寸即可，为提高舒适性，一般加宽沙发宽度、设置靠背等。

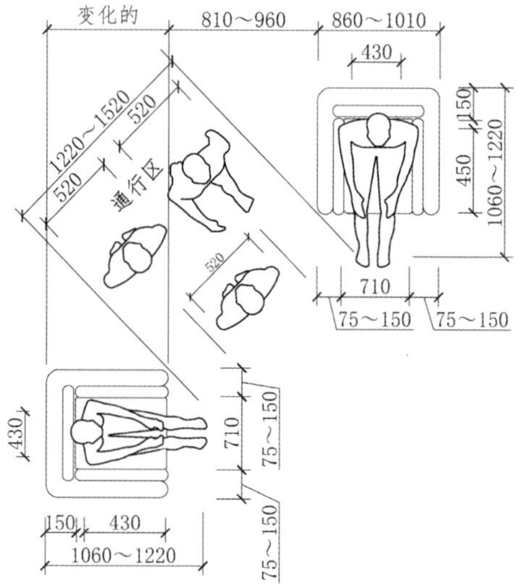

图2-16　可通行的拐角沙发布置

图2-16：位于走道区域的拐角沙发在放置时需考虑行人通行的宽度，满足两人通行的宽度要求。

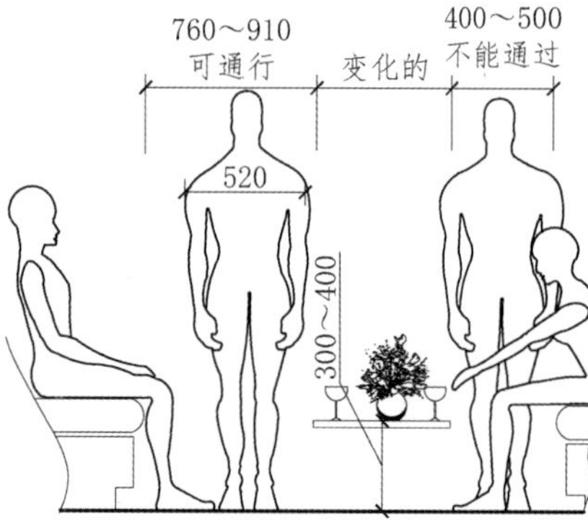

（a）通行宽度

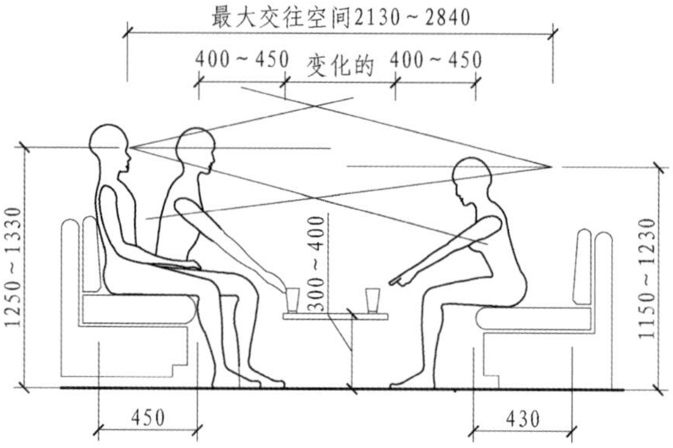

（b）不通行宽度

图2-17　沙发、茶几布置立面宽度

图2-17（a）：在沙发上保持坐姿状态，沙发与茶几之间的通行宽度要保持760mm以上。

图2-17（b）：不通行仅保持400mm以上即可，这个宽度能满足人在坐姿状态下伸缩收放动作。

图2-18：接待来访者的桌面宽度要达到800mm比较合适，双方的手部在桌上的活动空间深度各不超过400mm，能摆放A4幅面纸张、文件、笔记本电脑等物品，双方使用均不会彼此干扰。

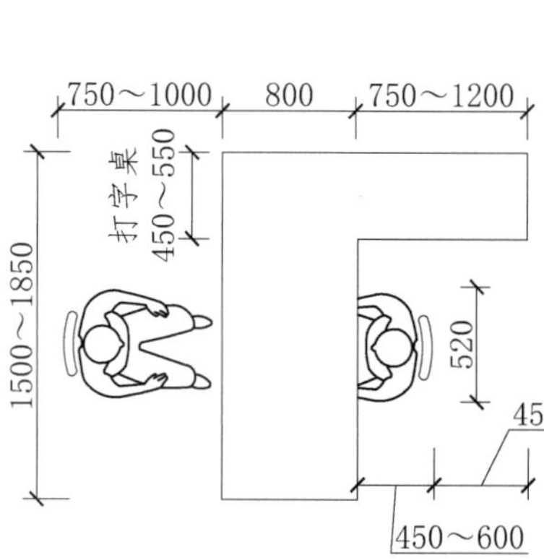

图2-18　可接待来访者的工作单元

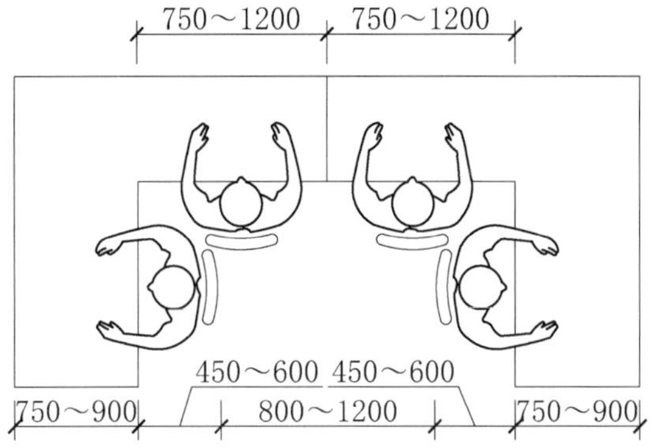

图2-19：相邻工作单元是最紧凑的办公工位设计，在大多数情况下不会满员使用，个人操作面宽要达到750mm以上才能保证彼此间不干扰。人在办公过程中，身体后背与桌边缘之间的尺寸不低于450mm。

图2-19　相邻工作单元的常用间距

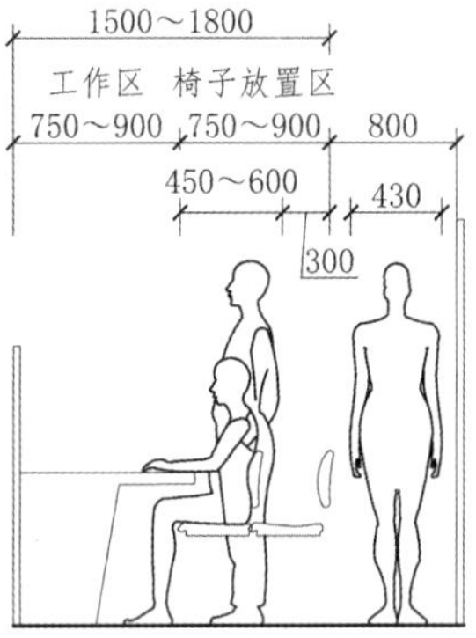

（a）单人通行过道

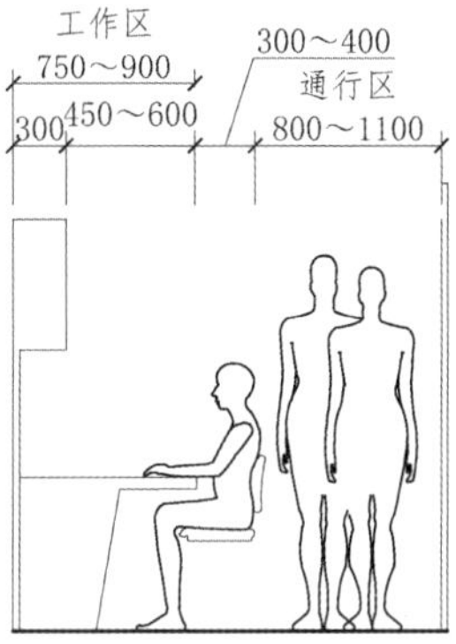

（b）双人通行过道

图2-20（a）：单人通行过道宽度仅需满足800mm的尺寸需求。

图2-20（b）：双人通行过道宽度在设置时需满足800～1100mm的尺寸需求。

图2-20　可通行的工作单元应考虑行走所需的空间

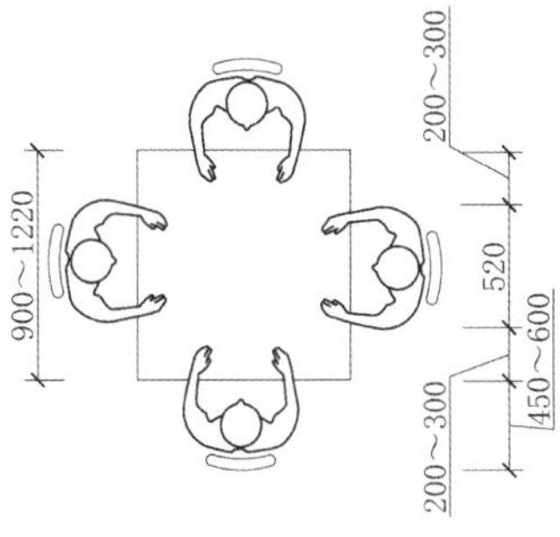

（a）四人方会议桌

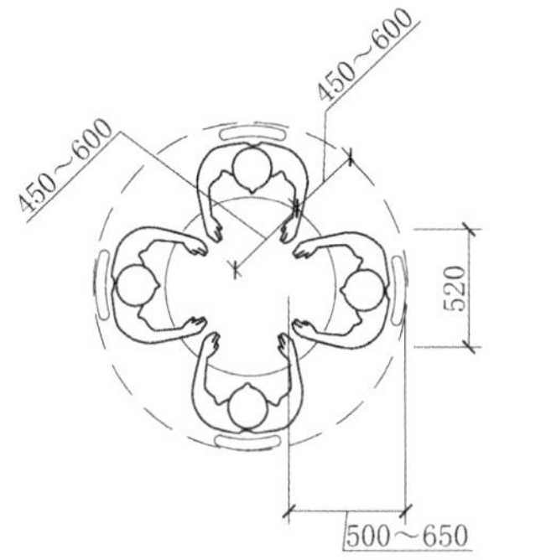

（b）四人圆会议桌

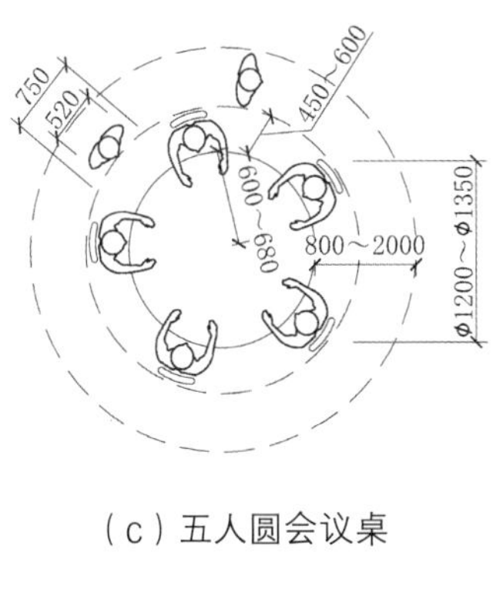

（c）五人圆会议桌

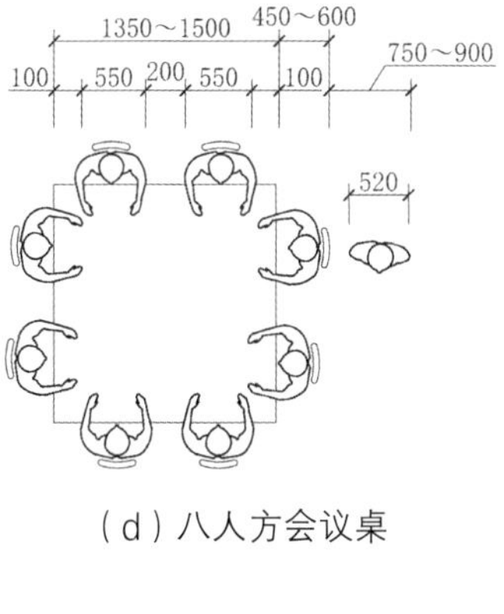

（d）八人方会议桌

图2-21（a）：四人方会议桌适用空间较小的办公会议区，适用于小型会议或临时会议。

图2-21（b）：四人圆形会议桌相较于方形会议桌，使人与人之间距离更加贴近。

图2-21（c）：围在桌上的人，肩宽约为520mm，左右手臂常规摆动宽度约为700mm，因此要根据700mm来设计会议桌的周长或边长。

图2-21（d）：围合型会议桌是方形办公空间的首选，当会议区或会议室的边长尺寸接近或相等时，就可以采用这种类型的会议桌。

图2-21　会议桌坐姿所需的空间尺度

3. 垂直手握高度

垂直手握高度是指人站立，手握横杆，然后使横杆上升到不使人感到不舒服或拉得过紧的限度为止，此时从地面到横杆顶部的垂直距离。这些数据可用于确定书架、衣帽架、开关、设备控制器等的最大高度（图2-22）。

但要注意这些人体尺寸数据是没穿鞋测量的，因此使用时必须据实情适量加高。

4. 向前手握距离

向前手握距离是指人肩膀紧靠墙壁直立，手臂向前平伸，食指与拇指尖接触，这时从墙到拇指梢的水平距离。这个数据用于确定工作台隔板的高度或在办公桌前低隔断上安装小柜的最远距离。每个单元的工作位最小宽度不低于1500mm，人在坐姿状态下，视线高度为1100～1200mm，因此工作位的视线挡板高度应当不低于1500mm（图2-23）。

5. 坐姿大腿厚度

保持坐姿状态时，人体大腿的厚度是指从座椅表面到大腿与腹部交接处的大腿端部的垂直距离。柜台、书桌、会议桌以及其他办公家具都需要把腿放在工作台下面，其设计要使大腿与大腿上方的障碍物之间有适当的间隙（图2-24、图2-25）。因此，这些数据也是家具设计的关键尺寸。

6. 眼距和坐姿眼高

办公隔断在不同程度上，能够起到隔声和遮挡视线的作用。人在坐姿状态下，视野角度会有不同变化，能让人集中精力、聚精会神的角度为30°，至于65°和94°范围在不同程度上都会影响注意力（图2-26）。

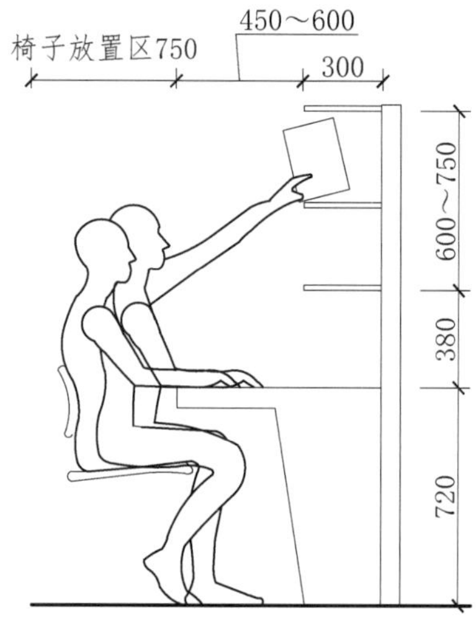

（a）书架所需的空间高度

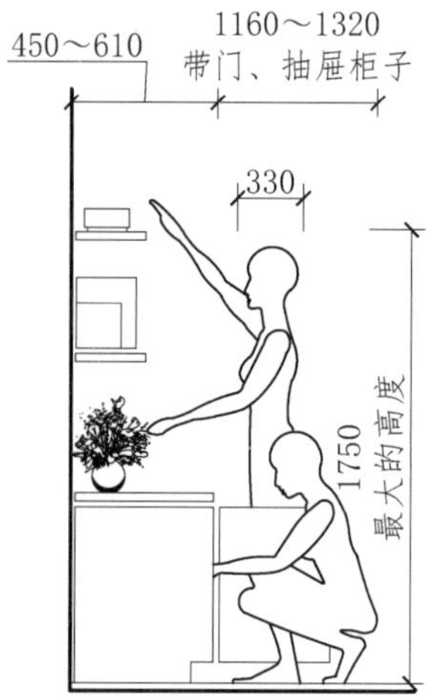

（b）女性资料柜所需空间高度

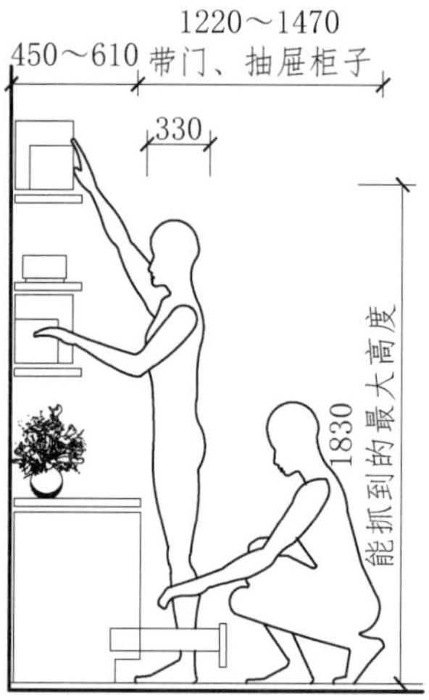

（c）男性资料柜所需空间高度

图2-22　书架相关尺寸设计

图2-22（a）：书架隔板的深度大多为300mm，隔板上下间距至少为300mm，在保持坐姿状态下，人能够到的隔板的最大高度约为1500mm。

图2-22（b）：女性使用的资料柜设计高度多为1800mm，女性在站立时能够到的隔板的最大高度为2000mm以下。

图2-22（c）：男性使用的资料柜设计高度多为2000mm，男性在站立时能够到的隔板的最大高度为2200mm以下。

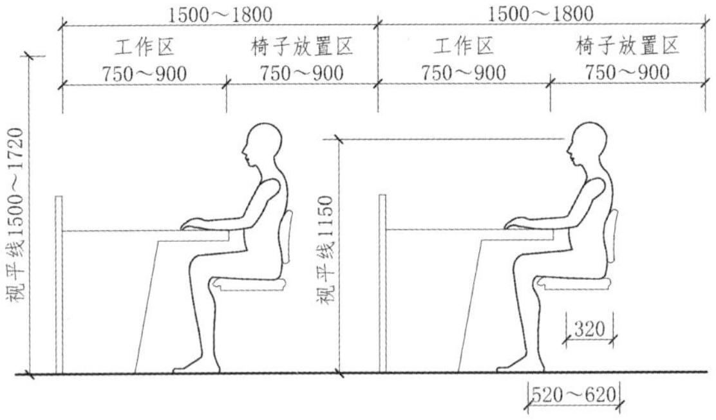

图2-23：工作区单元形态各异，在立面上要进行模块化设计，桌面深度与椅子放置区深度均不低于750mm。

图2-23　工作台隔板高度

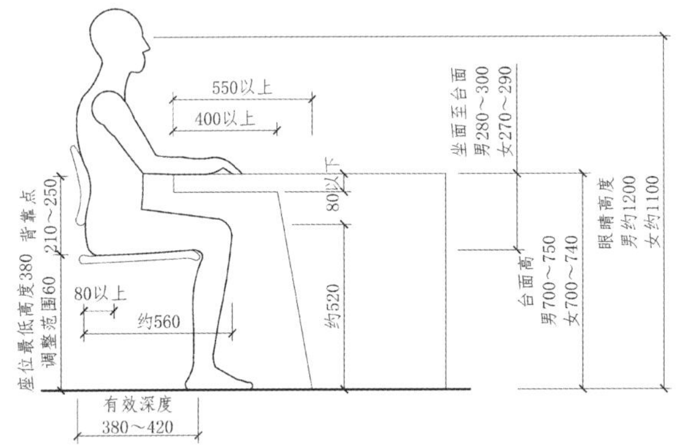

图2-24　正常工作坐姿的立面人体尺寸

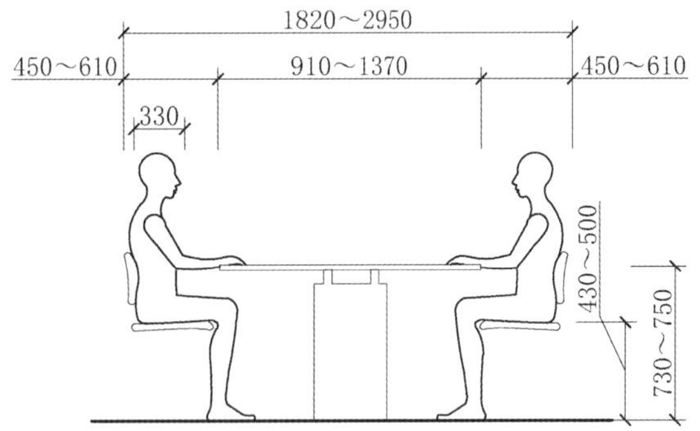

图2-25　会议桌的立面人体尺寸

图2-24：正常坐姿情况下，各种尺寸数据都应当化整为整数，即尺寸数据的尾数多为0或5，这样方便量化各项数据指标，提高设计工作的效率。

图2-25：会议桌在人与人之间面对面的距离上需保证正常的社交距离，一般间距在910～1370mm。

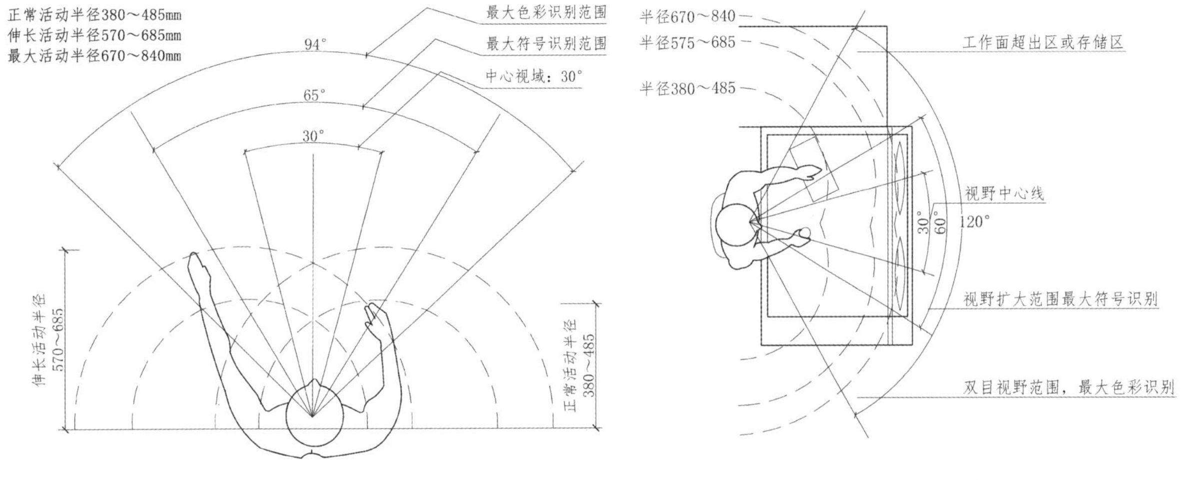

（a）视野与手臂范围　　（b）视野与工作半径

图2-26　坐姿与视野

图2-26（a）：办公桌台面的宽度、深度，需考虑人上肢的活动范围和视觉范围。

图2-26（b）：在办公的视觉中心可放置电脑等与办公密切相关的物件，在120°以外的范围可放置一些生活用品或较不重要的办公工具。

隔断设计可以分为三种不同的高度，坐姿与眼睛的高度对于确定隔断的高度非常重要（图2-27）。

隔断的高度有时也是地位的象征，资历愈高的办公人员隔断愈高，按此逐级下排。高度在1200mm以下的低隔断，可保证坐姿时的私密性，站立时又可自隔断顶部看过去；1520mm的中等隔断，可提供更高的视觉私密性，站立时，身高较长的人仍可以自顶部看过去；2050mm以上的高隔断，私密性最高，但会产生一定的压迫感（图2-28）。

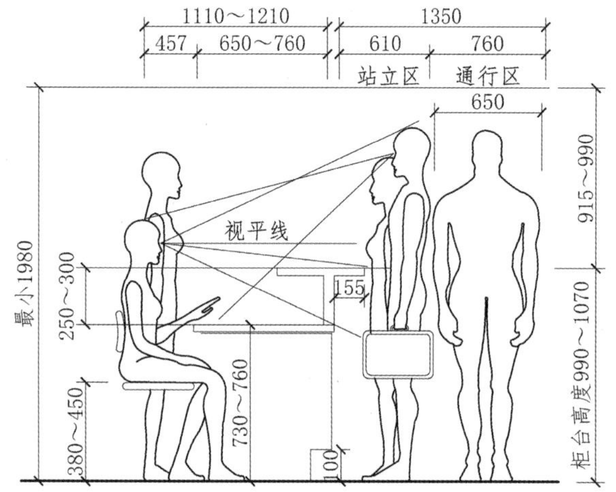

图2-27　接待工作台和柜台高度

图2-27：接待台的高度可以分级设计，满足坐姿与站姿两种行为需求，内外功能明显区分开。

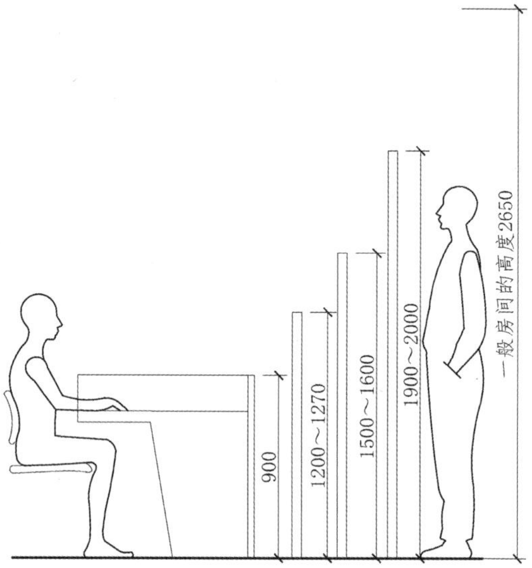

图2-28　隔断的通常高度

图2-28：隔断高度分为多个级别，分别满足坐姿、站姿、行走三种不同动态使用需求。

- 补充要点 -

舒适坐姿工作

1. 选择坐具。坐具的样式、尺度、结构三者都很重要，一些坐具看上去很舒适，但是实际上却让人产生疲劳感，例如坐高与桌面间距不合适，可能还会引起肩胛骨的劳损。

2. 产品设计改良。应用人体工程学原理，对办公座椅进行改良，例如针对靠背颈部结构，在靠背处设计与单独硬质棉芯的组合，方便使用者短暂后仰，能够有效缓解办公人员颈椎疲劳。

3. 正确的坐姿。坐姿的首选当是垂足而坐，让小腿保持垂直状态能舒缓膝盖部位的疲劳。腰部保持向后倾斜约10°，能舒缓上身对腰部的压力，同时也能让头部重量正常传递到肩部，形成良好的重量传递姿态。

2.3.2 人体动态尺寸

人的基本姿势可以分为四种：站立姿势、倚坐姿势、平坐姿势和卧式体位等，这些基本姿势与生活行为相结合，构成各种生活姿势。在办公空间中常用的坐姿为正常坐姿、舒适坐姿、平躺坐姿三种（图2-29、图2-30）。

人在坐姿状态下工作时，肢体就会创造出平面或立体的领域范围，这是人体动态尺寸，是确定室内空间尺度的主要依据之一。动态人体尺寸又分为四肢活动尺寸和身体移动尺寸两类。四肢活动尺寸是指人体只活动上肢或下肢，而身躯位置并没有变化。身体移动尺寸是指姿势改换、行走和作业时产生的尺寸。

不合理的动作导致工作效率低下，容易招致疲劳，引发事故。当人处于不同姿态时，可以以手或足的活动范围和动作的难易程度为依据而设计，例如，资料柜的隔板高度和区域的划分，衣柜挂杆的高度标准，这些都是以人站立时上肢方便到达的高度为准（图2-31、图2-32）。

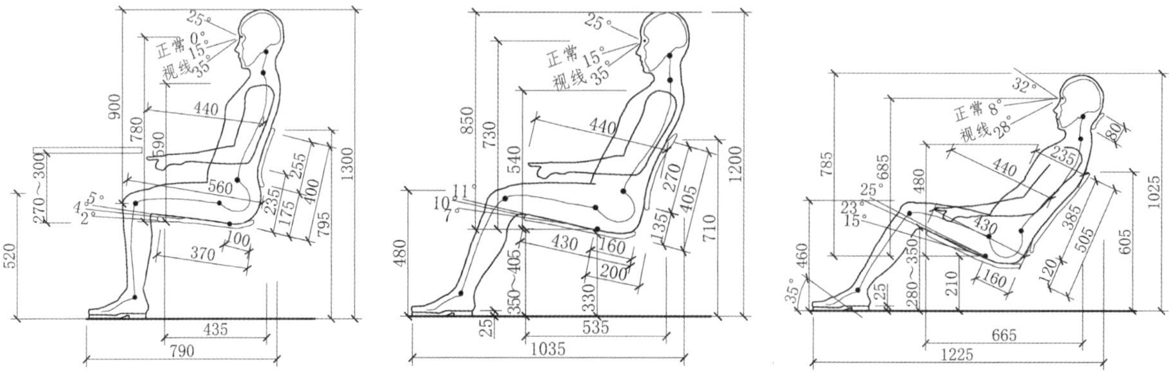

（a）正常坐姿角度　（b）舒适坐姿角度　（c）平躺坐姿角度

图2-29　不同角度的人体坐姿

图2-29（a）：正常坐姿角度为2°~5°，人的身体姿态保持基本垂直，颈部角度正常，头部重量直接传递到身体上，坐姿轻松，人与桌子、家具之间的关系比较适宜，能轻松获取桌面上的办公用品与各种文具，这种坐姿适应办公空间座椅的常见角度。但是人体臀部承载的重量较大，同时引发腰部肌肉疲劳，久坐后容易引起腰椎不适，降低工作效率。

图2-29（b）：舒适坐姿角度为7°~11°，人的身体姿态保持向后倾斜，颈部角度保持垂直，头部重量会对颈部造成一定压力，坐姿比较轻松，人与桌子、家具之间的关系也比较适宜，这种坐姿能适应办公空间座椅的调节角度。但是人体颈部承载的重量较大，同时引发颈部与肩部肌肉疲劳，久坐需要对颈部进行一定支撑。

图2-29（c）：平躺坐姿角度为15°~25°，人的身体姿态完全向后倾斜，颈部角度仍要保持垂直，座椅必须有颈部支撑构件，分解头部重量对颈部造成的压力，这时坐姿非常轻松，但是人与桌子、家具之间的关系疏远，不能方便获取桌子上的办公用品和文件。虽然人的身体重量被均匀地分解到桌椅上，但是过于放松会导致注意力下降，降低工作效率，因此这种坐姿只能用于办公期间休息。

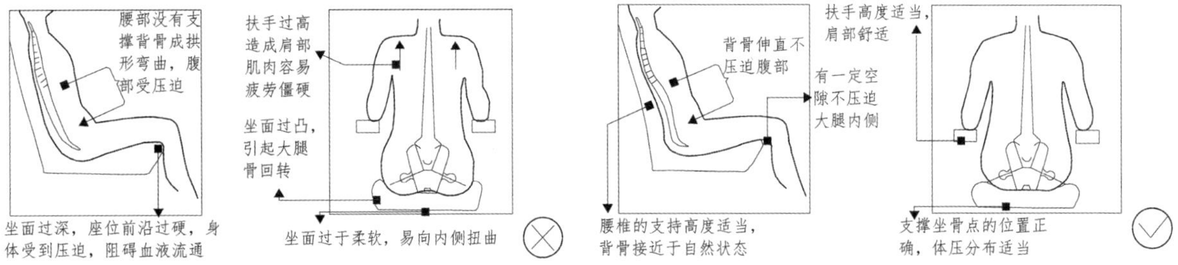

（a）错误的人体坐姿示范　　（b）正确的人体坐姿示范

图2-30　人体坐姿示范

图2-30（a）：错误的人体坐姿导致使用者在坐姿时肌肉没有较好的支撑点和受力点，导致久坐后出现腰酸背痛等情况。

图2-30（b）：正确的人体坐姿，在座椅设计上符合人体工程学，满足使用者的坐姿需求。

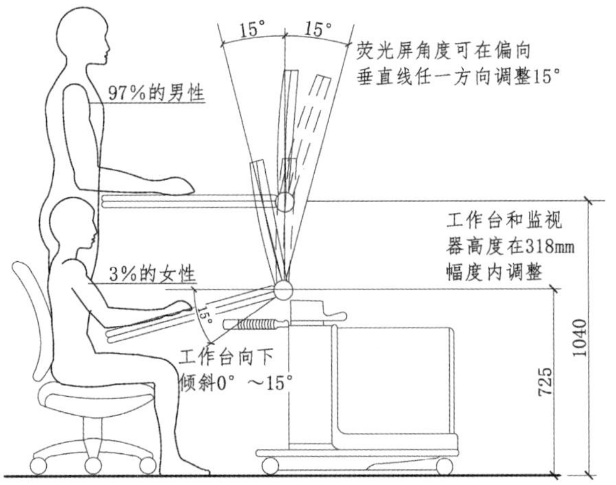

图2-31　电脑操作台的常用尺度

图2-31：电脑操作台的高度可以分级设计，满足坐姿与站姿两种行为需求，内外功能明显区分开。

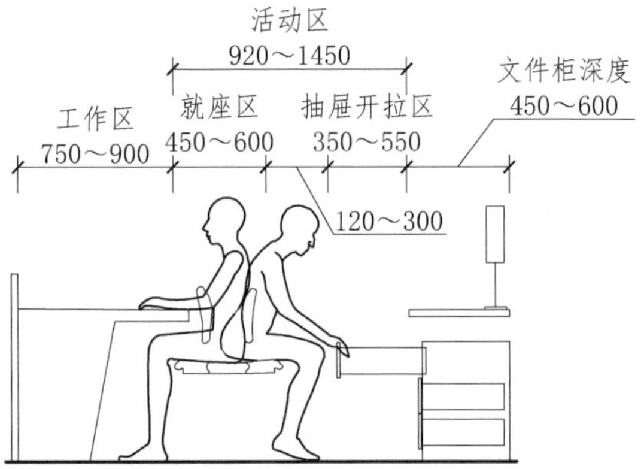

图2-32　带资料柜的工作单元与取放资料的活动空间

图2-32：取放资料柜与办公桌之间需留出使用者的就座区域以及抽屉打开时所占用的区域，避免造成抽屉打不开或使用者在其中活动空间较少。

2.4　办公空间环境营造

办公环境设计是否合理常常会影响到办公流程的质量与效率。改善办公环境，提高效率，已经成为企业健康发展的重要因素，这也是办公空间细化设计的必然趋势。

2.4.1 空间环境与心理

工作空间环境偏暗，会触发人们灰心、颓废的负面情绪；工作空间环境明亮，会引发阳光、整洁、积极、愉悦的正面情绪。在办公环境中也是如此，桌角硬朗的直角线条会使人联想到规矩，使人潜意识产生严肃的情绪；墙画明媚的色调可以使人联想到阳光，使人潜意识产生兴奋、轻松的情绪。通过具体空间形式设计能影响使用者的心理情绪。

办公空间的工作环境主要由家具摆放、色彩、灯光、空气质量等方面来决定。工作区家具摆放紧密，会让人感到紧张，搭配深色家具更会让人感到压抑，在日光不太充足的白天，如果室内灯光照度不足，更会加剧负面心理。反之在随意搭配彩色家具的会议室内，搭配充足的灯光，会让人感到轻松愉悦，不让开会安排工作显得有负担（图2-33）。

除了具象的空间形象外，空间物理环境也会对人们的感知产生影响。物理环境由温度、湿度、空气流通组成。舒适的物理环境能减轻人的焦躁情绪。正常情况下，温度21℃、湿度50%、风速1m/s的环境下体感最为舒适。

塑造好办公空间的物理环境是建立舒心工作环境的第一步。目前，办公环境不仅可以通过各种人工控湿、控温设备来完善，还可以通过具体环境设计方案来实现。如在办公空间中增加水景、绿化，增添加湿器，增加开窗面积，强化通风降湿降温，加强日照、朝向等（图2-34）。

（a）严肃、拘谨的工作环境

（b）轻松、欢快的工作环境

图2-33 工作环境引发联想

图2-33（a）：工作环境的色调偏暗，使人联想到严肃、局促的情绪，适用于律师工作室或科研办公室等空间。

图2-33（b）：工作环境的色调鲜亮，使人联想到兴奋、轻松的情绪，适用于互联网公司或设计公司。

（a）绿化加湿

（b）日照、朝向控温

图2-34 建立良好的办公空间物理环境

图2-34（a）：观叶植物能提升环境空间的湿度，在办公空间边角适当搭配观叶植物能缓解视觉疲劳，同时增加空气湿度。

图2-34（b）：在日照充足的部位设计休闲座椅或沙发，能提升人的正面情绪。

2.4.2 环境心理应用

在室内环境中，人与人之间的心理和行为有着较大差异，但从总体上分析仍然具有一些共性。在办公空间设计过程中，应当照顾到人的这种心理属性，赋予空间环境人性化的亮点。

1. 个人空间

每个人都有对空间的占有感，希望拥有自己的个人空间。个人空间需考虑与他人交流的合适距离，根据人际关系的密切程度和行为特征，可以将人际距离分为亲密距离、个体距离、社会距离、公共距离四种形式（表2-2）。

表2-2　　人际距离与行为特征表

距离分类	近程距离与表现	远程距离与表现
亲密距离（0~0.45m）	0~0.15m，拥抱和其他全面亲密接触活动的距离	0.15~0.45m，有亲密关系的人之间使用的距离，如耳语
个体距离（0.45~1.2m）	0.45~0.75m，相互熟悉或关系较好的朋友、情人之间的距离	0.75~1.2m，一般朋友和熟人之间的交往距离
社会距离（1.2~3.6m）	1.2~2.1m，不相识的人之间的交往距离	2.1~3.6m，商务活动与礼仪活动的距离
公共距离（>3.6m）	3.6~7.5m，演讲者和听众之间的距离	>7.5m，借助扩音器演讲、大型会议等处出现的距离

人与人之间在交流、沟通时，位置的差异会给人带来截然不同的心理感受，即人与人之间距离的远近，也是心理尺度的体现。在办公空间设计中，利用人际距离的特征来合理布置座位，应当充分照顾到办公人员的心理感受。不同的座位布置，办公人员的心理感受是不一样的（图2-35）。

2. 领域性

领域性主要在于空间范围，一般领域可划分为私人领域和公共领域。而公共领域并不能仅一个人占有，任何人都有权进入。现代办公空间设计需要解决的是在公共领域中建立半私人领域，对工位进行围合或半围合设计，打造出强烈的领域感，让工

（a）会议式　　（b）组合式　　（c）单元式

图2-35　办公桌的三种不同形式

图2-35（a）：会议式办公桌适合少数人员集中办公，彼此间需要合作。

图2-35（b）：组合式办公桌占地面积最小，能合理运用办公空间，同时能加强人员之间的联系。

图2-35（c）：单元式办公桌能保持互不干扰，适合独立性较强的工作。

作人员具有独立思考的空间。

开敞式办公区的座位，根据具体情况采用高低不等的隔断隔开，或利用一定高度的间隔物进行分隔等，使人从心理上感到自己的个人空间或者私人领域并未受到侵扰（图2-36）。

（a）虚拟隔断　（b）通透隔断　（c）单元隔断

图2-36　利用隔断划分空间领域范围

图2-36（a）：对于开敞式办公区座位的分隔，根据具体情况可以采用高低不等的隔断，或利用一定高度的间隔物进行分隔等，使人从心理上感到自己的个人空间或者私人领域并未受到侵扰。虚拟隔断仅仅在心理上形成空间界定，并没有实质上的分隔，立柱和顶面的环绕给人在心理上有被包围的感受，具有一定安全感和私密性。

图2-36（b）：通透隔断多采用落地玻璃，在视觉上有通透感，方便隔断内外视觉交流，同时具有良好的隔音效果。

图2-36（c）：单元隔断多用于特定的功能分区，如会客间、会议室等临时空间，封闭感强，独立性好，具有强烈的安全感和私密性。

– 补充要点 –

让狭小空间显得不拥挤

1. 运用心理习惯。根据不同的距离象征，合理安排人与人之间的活动间距，通过隔断增加距离。例如，选择有靠背的椅子，增加安全感；划分办公隔断，设计较高的隔断，加大隔断之间的间距，建立依靠感与舒适感，减小空间拥挤感。

2. 提升收纳功能。通过对日常办公活动的跟踪记录，可以发现，随着时间的推移，超出预期的物品储放是影响空间利用率的主要因素。办公使用的文件纸张尤其容易超出预期，纸张几乎是永远递增的态势。尽可能地充分考虑储物收纳的方式是提升空间利用率的重要方式之一，不仅能够有效地收纳，还可以减小空间不断攀升的拥挤感。

3. 改变办公方式。很多办公空间设计充分利用竖向空间，将设计的重心尽可能多转移到墙上，但是这种方式难免会让人产生视觉的拥挤感。可以根据具体办公活动的需要，改变工作方式，面对并不开敞的办公空间，可以尝试改变局部办公空间或单元办公空间的面积，将原本开阔的大办公空间分隔为多个小办公空间。还可以将原本需要坐着的办公桌，改成站立式办公桌，如共享打印区的家具可以不设计座椅，减少占地面积，当操作打印机工作累了，可以坐在走道边的高脚椅上休息。

3. 私密性

私密性涉及的空间范围很广泛，包括视线、声音等方面的阻隔要求。设计单独个人的工作空间时，除了考虑具体的工作活动范围，还要着重考虑空间范围内的行为方式、私密性与安定感（图2-37）。

屏风式办公桌挡板的高度，一般为桌面高度以上300～400mm。伏案工作即为独享空间，抬头或站立时，便可与同事沟通、交流。

（a）独立办公室

（b）集体办公室

图2-37　办公空间私密性

图2-37（a）：设计单独个人的工作空间时，除了考虑其具体的工作活动空间范围，还要着重考虑空间范围内的行为方式、私密性以及安定感。独立办公室内的家具配置要齐全，除了个人桌椅外，还要配置来访人员的座椅或沙发与必要的电器设备。

图2-37（b）：集体办公室注意家具排列整齐，尽量减少占地面积，节省交通流线空间。

2.4.3　常用人体尺寸应用

人体工程学的主要目的在于提高室内环境质量和工作效率。通过对人的生理和心理的正确认知，使办公环境因素适应人工作活动的需要。人体工程学在办公空间设计中的具体作用如下：

1. 为家具设计提供依据

办公家具必须安全、实用、方便、舒适、美观，以达到提高工作效率的目的，现代办公家具多为成品件，根据空间布局直接购买或定制即可（图2-38）。

2. 确定人的活动范围

在确定空间范围时，首先要确定空间内的总人数与不同性别成年人在立、坐、卧时的人体平均尺

（a）围合布局

（b）横排布局

图2-38　符合人体工程学的办公桌椅设计

图2-38（a）：围合布局方便办公人员之间相互沟通，将办公桌以不同角度进行拼接，形成围合空间。

图2-38（b）：横排布局更节约占地面积，同排的办公桌之间不设置隔断，方便工作交流。

（a）预留工作人员活动空间

（b）预留来访人员活动空间

（c）确定人的使用高度

图2-39 确定办公空间范围

图2-39（a）：在设计时需确定客户公司的工作人员人数，针对人数进行办公区域划分，避免造成空间不足或浪费的情况。

图2-39（b）：针对公司办公类型以及公司业务状况，针对性地设置接待区面积，或将会议室与接待区合二为一，使空间利用最大化。

图2-39（c）：大致了解公司工作人员的身高，是否存在过高或过矮的身高，根据平均身高设置办公高度。

寸，然后就能定出空间的合理面积和使用高度了。同时还要注意，人在使用办公家具时，其周围必须留有活动和使用的最小空间（图2-39）。

2.4.4 工作压力与创造力

在办公空间中的活动日复一日、年复一年，时间会慢慢耗尽所有人的精力、新鲜感。对于办公空间的设计，设计师会考虑功能、视觉形式乃至成本造价。

降低工作压力，在空间布局上应当打破常规，将直线形空间布局变得丰富、有层次感，注入弧线造型或对空间进行多层分隔，让有限的空间变得多样化，能让一个人处于不同的环境氛围中，舒缓疲劳与紧张，同时能激发人的创造力。

例如，一部分办公室设计有餐饮区，员工可以在此冲调咖啡、热饭菜或聊天；一部分办公室设计有健身房、休息间、电话间、冥想室等。其实这些都是为了给员工减压而进行的人情味设计（图2-40）。

图2-40 露天休息区

图2-40：休息区与活动室应当利用建筑室内外的空闲、边角空间设计布置，根据不同空间的形体、面积来设计、分配功能区。休息区可以设计在户外或建筑外延的阳台空间，利用不规则的空间布置各种休闲家具，家具造型的选用也不拘一格。

只有打破常规工作环境，工作人员才有勇气去大胆创新。经过设计的办公环境可以促使办公人员在自己的办公桌上设计自己喜欢的装饰，如小盆栽、便利贴、照片装饰等。这样能增强员工归属感、促进员工之间交流。缓解压力，提高创造力是人体工程学在办公空间中运用的最终目标（图2-41）。

（a）办公桌上的小盆栽

（b）照片墙装饰

图2-41　设计办公桌装饰

图2-41（a）：办公桌上的盆栽体积不宜过大，方便随时更换，花盆体积过大导致占用更多桌面面积，影响办公效率。

图2-41（b）：墙面装饰除了硬装修造型外，还可以通过照片粘贴、钉接等手法来丰富化处理，将与工作相关的海报、图稿、样品等纸质或实物布置在墙面，形成浓烈的工作氛围，同时能随时更换，获得全新的工作目标与精神状态。

本项目小结

本项目主要讲解了办公空间与人体工程学的关系，并配上相应的彩图与矢量图来加以细致地说明，同时图片下方还配有图解文字，使得内容清晰易懂，除此之外还讲解了办公空间内家具的设计方式与设计要点，包括办公桌、工作椅、电脑操作台、隔断、接待空间以及接待空间内的家具等，均配以相应的彩图和矢量图说明，精确的数据以及清晰的图文注解帮助读者能够更快地了解文中内容。

课后练习

1. 解释人体工程学的含义。

2. 解释办公空间分为哪几个区域。

3. 什么是人体测量基准面?

4. 解释人体工程学在办公空间设计中的作用。

5. 谈谈对商业空间的理解，举出生活中商业空间设计的实例并收集相关图片进行分析。

6. 详细描述在办公家具设计中，人体工程学体现在哪些方面。作业数量：将收集的资料汇总到PPT中，上课进行展示分享。建议完成课时：5课时。

7. 我们党始终把人民利益放在首位，坚持以人民为中心的发展思想。作为设计师，在设计中同样需要充分考虑人在其空间的舒适度等方面，那在办公空间中如何打造出适合人使用的家具呢?

项目3

办公空间家具布置

学习目标：了解办公家具的种类、款式风格，熟悉办公家具的摆放原则
重点概念：各类家具、尺寸、样式、摆放原则

本项目学习内容

在选择办公家具时，一是应以人为本、实用、节约、符合人体工学；二是精选潮流材质、迎合时尚、组合美观、方便拆装。将科学与艺术相结合，无论是其家具设计，还是整体装修设计，都应以简洁、大方、实用为主。相反，复杂的造型、斑斓的色彩、紊乱的线条，会影响办公人员的心情，降低工作效率（图3-1）。

图3-1：办公空间是办公场所，人在其中主要是为了工作，设计旨在打造一个美观、舒适、和谐的空间。办公家具既需满足公司员工办公需求，又可为办公空间增添设计感与层次感。

图3-1 办公家具设计

3.1 办公桌椅

在办公空间设计中，办公桌椅需要满足基本的使用功能需求，应当尽可能选择多用途家具，满足不同环境与风格的需求。

3.1.1 办公区桌椅

办公桌椅是办公人员处理事务时使用的基本家具。办公桌的宽度、高度、深度决定了人的活动范围和身体姿势。开敞式办公空间多使用员工桌组合，不仅可以为个人提供独立的办公区域，还可以按办公空间面积进行随意组合，能提高空间的利用率和办公效率。员工办公区根据工作需要和部门人数，参考办公空间的建筑结构来设定办公工位的数量和尺寸（图3-2）。

3.1.2 会议区桌椅

圆形会议桌有利于营造平等、向心的交流氛围；正方形、长方形会议桌也基本具备这种感受，更注重仪式感（图3-3）。

（a）单元式办公桌

（b）组合式办公桌

图3-2 办公区员工桌

图3-2（a）：一般员工桌多为横向或竖向摆设，当空间较大时，可考虑斜向排列等其他方式。单元式办公桌占地面积较大，虽然员工之间保持一定距离，但是在协同工作上存在距离感，不方便沟通，不过单元式办公桌储存空间大，能收纳更多办公用品，适用于独立性较强的工种。

图3-2（b）：开敞式办公区办公桌的组合更需要有新意，才能体现企业的文化与品位。组合式办公桌能加强员工之间的联系，彼此间交流便捷，占地面积小，但是容易造成相互干扰，收纳的办公用品也少，适用于团队工种。

（a）长方形会议桌

（b）圆形会议桌

（c）正方形与椭圆形会议桌

图3-3 会议桌造型

图3-3（a）：长方形会议桌更加适合区分与会者身份和地位，适合有领导开会的场合。

图3-3（b）：圆形会议桌有利于营造平等、向心的交流氛围，适合部门开会或者与客户沟通的场所。

图3-3（c）：几种形状组合的会议桌满足不同人群的会议需求，避免会议区不够的问题。

通常会议桌的大小取决于实际需求，还要结合会议室的空间形状来选择，同时还要考虑会议桌四周的流动空间。会议桌的座位人数应根据人的活动尺寸计算，应当在两座位间至少保持150mm距离。从会议桌边缘到墙面的最小距离应为1200mm，这是参会者进入座位通过的最小宽度。如果会议桌周边还有其他家具或构造，还需要额外增加计算。

3.2 柜式家具

柜式办公家具包括资料储存柜、书橱、办公桌等，常用于办公区、接待区、管理人员办公室等空间。

3.2.1 家具材料

柜式办公家具中常见的材料有木材和漆面金属这两种（图3-4）。大多数制造商会提供一套有着多种选择的中性色调标准色样，而色样往往需要三到五年更新一次。

其他柜式家具材料包括塑料层压板、玻璃柜门、金属材料等，更多办公家具要综合考虑生产成本和美观效果，会将多种材料混合搭配，如金属和塑料搭配，木质板材与玻璃搭配等（图3-5）。

图3-4 漆面金属文件柜

图3-4：金属柜式办公家具的表面涂料通常为氟碳漆，是在无尘室里用静电喷涂工艺制作。

（a）金属与塑料混合储物柜

（b）带玻璃柜门的木质书柜

图3-5 不同家具材料的柜子

图3-5（a）：金属材料视觉上较冰冷，需要彩色塑料柜门装饰，营造空间上的美感。

图3-5（b）：木质材料通常为PVC贴膜，表面为经过调整处理的木纹图案，可根据客户或空间整体色调对柜体木色进行调整。

3.2.2 款式风格

目前柜式办公家具的款式风格繁多，家具生产商都能提供3～5种款型，搭配多种风格款式，但是根据款型仍然称为传统风格家具、现代风格家具，金属家具、其他材料家具等。

1. 资料储存柜

资料储存柜是办公空间用于储存文件资料的家具。这类家具大多为直接购买或现场制作。资料储存柜大多有固定的尺度，如高度一般为1200mm、1800mm、2200mm，宽度多为800mm，深度多为300mm、400mm。开门的推拉角度多为45°和90°。现在大部分资料储存家具都有现成品，选择时要根据空间布局确定家具尺寸。

2. 书橱

尽管书橱的深度不可能有办公桌深，但由于其能够提供比办公桌更多的储藏量，因此书柜的价格要远比办公桌高。

3. 办公桌

办公桌是办公空间中人员的主要办公区域（图3-6），办公桌的细节构造并不会影响办公空间的空间布局关系，但在设计过程中必须被考虑。独立办公桌要考虑各个立面的造型，组合办公桌要考虑功能的分配。

（a）独立办公桌

（b）组合办公桌

图3-6　办公桌柜子和抽屉

图3-6（a）：独立办公桌的特征在于具有底柜的柜体部分，各个面都设计有开门或抽屉，能满足多种使用。

图3-6（b）：组合办公桌的遮脚板部分与抽屉柜之间的关系要处理好，避免在空间上产生矛盾。

3.3　办公家具摆放方法

办公家具摆放不能脱离统一的室内空间组合。设计师必须了解办公家具的特点、种类，把握办公家具合理的布局原则，充分利用办公家具来打造丰富、舒适的办公空间形态。

3.3.1 选择技巧

1. 选择合理耐用的材料

办公家具除了实际使用功能外，材料应当保证耐用，且结构合理，只有这样家具才能牢固、安全，且易于搬动。

现代家具材料的主流仍然是木材，木材经过加工后具有多个品种，常见的为纤维板、刨花板、胶合板、实木板等材质。纤维板、刨花板成本低廉，适用于中低端家具。胶合板家具能在高温下弯曲变形，形成丰富的造型，满足工厂批量化生产，能大幅度提升家具的设计感，整体成本较低。实木家具虽然加工也是机械化，但是对于复杂造型仍需要人工制作，整体成本较高，但是纹理真实，视觉效果独特。

此外，多材质家具以某一种材料为核心，增加塑料、皮革、金属材料，形成丰富的使用功能与视觉效果，但是价格较高，在办公空间中的应用比例较小（表3-1）。

表3-1　主要办公家具材料

名称	图例	材料构成	造型特点	使用位置
胶合板家具		原木切割成薄片后各层之间加胶叠加压合而成	材料不变形或少变形，色泽均匀；饰面可漆各种涂料，可做各种造型，贴各种材料	适用于普通办公空间中公共座椅或会议厅座椅，是普及率较高的办公家具品种
实木家具		松木、杉木、柳木、杨木、红木等	造型丰富，色泽自然，且纹理清晰而富有变化，具有韧性和透气性	价格昂贵，很难大量普及，常用于领导办公空间或风格空间点缀
多材质家具		由金属、木材、胶合板、塑料、石材、玻璃、人造皮或真皮两种以上的材料构成	质感丰富，且可取各材料优点，在形式、用途、使用效果、价格方面具有相当优势	这类家具能以不同材料满足使用者对家具不同部位的不同要求，如沙发、座椅、台柜子等

2. 满足使用功能

在使用办公家具时，人身体的各部分应当方便、舒适和安全。

3. 符合办公单位形象

办公空间设计的重要任务就是塑造办公单位的整体形象。造型活泼奇特的办公家具，用在特殊行业能够起到意想不到的效果。中西式风格明确的办公家具，用在传统文化单位，能够加强其潜在的业务形象（图3-7）。

4. 与整体办公环境协调

办公家具是具有较大的可变性的家具品种。设计师要利用家具布置的灵活性，调节空间区域的使用功能，提高空间的利用效率（图3-8）。

3.3.2 摆放原则

摆放完好的办公家具，不仅能够提高员工办公效率，而且能使整个办公空间更加整洁。办公家具摆放不仅与舒适度有关，而且与本身的实用性相关。

1. 实用原则

办公空间的桌椅、文件柜、沙发、茶几摆放等要从实用角度出发，满足基本使用功能要求（图3-9）。

图3-7（a）：设计和选用办公家具时，应以实用简洁为主，可体现办公单位的高效率和务实作风。

图3-7（b）：应根据单位业务性质及个性特征选择适合造型，要能体现本单位独特的形象。

（a）接待区家具

（b）小型会议区家具

图3-7　家具的设计与选用符合办公单位形象

图3-8（a）：办公家具具有一定的固定性，家具布置一旦定位、定型，房间的使用功能、人们的行动路线、空间艺术趣味等都会相对固定。会客区家具多选用轻奢风格，让来访客户感受到办公空间的尊贵华丽，提升整个办公环境的品位与档次。

图3-8（b）：办公区家具力求简约，造型多为几何形，但是地面搭配地毯，与软包座凳形成呼应，表现出舒适柔和的视觉效果，这与会客区的环境氛围形成呼应。

（a）会客区家具

（b）办公区家具

图3-8　办公家具与整体办公环境相协调

（a）紧凑厨房家具

（b）高隔断办公家具

图3-9　遵循实用原则的办公家具设计

图3-9（a）：办公空间中的厨房家具属于办公空间中的休闲家具，占地面积小，满足使用功能要求，提供员工休憩、饮食的场地。

图3-9（b）：办公桌上的高隔断用于走道旁，将办公区与走道区区分开。把办公区与其余空间从视觉上隔开，并且保证办公区员工的私密性。

2. 舒适原则

办公空间的舒适与否会直接影响办公人员的办公效率，应当在长期停留的部位多设计软包家具（图3-10）。

3. 生态原则

办公家具一定要注重健康环保，在条件允许的情况下多采用原木，表面涂饰的涂料多为水性木器漆，毒害物质挥发性小（图3-11）。

（a）沙发摇椅

（b）会议卡座

（c）单边沙发

图3-10 各种办公空间的休闲区设计

图3-10（a）：在办公区空余边角可摆放沙发摇椅，当员工感觉工作疲惫或休憩时可坐在沙发摇椅上放松，提高员工工作的积极性。

图3-10（b）：改变传统严肃的会议桌形式，卡座搭配鲜艳的色彩装饰，为会议区增添一些活泼的氛围。

图3-10（c）：设计师要注重休闲空间的设计，办公家具摆放考虑紧凑感，长时间使用的家具都要考虑采用软质材料包裹。

（a）公共办公区

（b）会议区

（c）家具

图3-11 家具环保材料设计

图3-11（a）：公共办公区的家具可以使用木质家具进行装饰，一方面凸显办公环境的温馨、自然，另一方面使用健康环保的木质家具，保证员工的身体健康。

图3-11（b）：会议区运用原木色桌子与彩色座椅进行搭配，使原本较为单一的室内环境变得更加生动、活泼。

图3-11（c）：采用无毒无害无污染且符合国家“绿色标准”的家具材料，减少甲醛、苯带给人体的伤害。原木构造可以大量使用在墙面、家具上，表面涂饰1~2遍水性木器漆即可。

3.4 工作位家具布置

工作位又称为屏风工作位，主要是由屏风和办公桌组合成的办公桌位整体构造。屏风外框为铝合金框架，表面为麻绒布、三聚氰胺饰面板，有多种颜色可供选择，可以与不同的设计风格搭配。屏风顶盖、边盖、踢脚板全部使用铝合金制造，办公台面是由屏风与各种配件连接支撑，附带抽屉与文件柜，办公室屏风框架底部有水平高差调节脚，可根据不同地面高度差进行调节。办公桌的主材为高密度纤维板或刨花板，表面的三聚氰胺饰面板可防刮耐磨，有多种颜色可供选择（图3-12）。

图3-12 屏风工作位

图3-12：屏风工作位是现代办公空间中最常见的成品办公家具，占据较大办公空间面积，屏风的款式多样，颜色多种，可根据不同工作性质，将办公人员按部门分类，打造相对集中化的办公空间。屏风可以提高工作效率，为办公人员提供舒适的工作环境，充分利用有效空间，具有较强的空间灵活性和经济性。屏风还具有良好的吸声和隔声效果，能规整走道布局。

3.4.1 主要材料

1. 铝型材

铝型材具有耐酸、耐碱、防腐的特性。表面处理为氧化或喷涂，其中阳极氧化工艺视觉效果好，不易褪色，但是价格较高，一般用于边框支撑构造。

2. 玻镁板

玻镁板又称为氧化镁板，是性能稳定的镁质胶凝材料。具有防火、防水、无味、无毒、不冻、不腐、不裂、不变、不燃、高强质轻、施工方便、使用寿命长等特点。装饰面平整度高，质地均衡且有一定抗压能力。

3. 装饰刨花板

装饰刨花板厚度一般为18mm、20mm、25mm三种，其中20mm用得最多，内部为切碎的木材、木屑，加入硬化剂和防水材料压制成刨花板，表面模压PVC装饰层，具有多种颜色与纹理，是工作位的主要围合、衬托、支撑材料，一般用于柜体与桌面。

4. 布料

布料为双面织造麻绒，具阻燃、耐污、不褪色、不起毛粒等特性。

5. 玻璃

在工作位中使用的玻璃主要分为普通玻璃和钢化玻璃，厚度为4～5mm。从装饰效果上来看，又分为透明玻璃、磨砂玻璃、压花玻璃、彩釉玻璃等。

6. 冷轧钢板

屏风的外装饰面，可采用冷轧钢板，表面经过静电喷涂处理，为增强屏风的整体美观度，表面可进行冲孔、冲凸等处理。

屏风工作位的围合材料较多，材料面积大，一般采用铝型材作为主要支撑结构材料，玻镁板作为辅助支撑结构材料（图3-13）。现代隔板工作位结构更简单，采用方钢作为主要支撑结构材料，装饰刨花板或纤维板作为家具衬托结构材料（图3-14）。

图3-13　屏风工作位

图3-13：玻璃板作为屏风板时会与金属框结合使用，达到最稳定的效果状态。员工在办公时也可注意周围，并且易使空间有流通感。

图3-14　隔板工作位

图3-14：木质隔板是最为常用的，大部分的办公家具都使用木质家具，二者具有材料的统一性，并且符合整体的空间风格。

3.4.2　布置方式

针对不同的办公空间，工作位有多种布置方法，最常见的为7字位、T字位、十字位、干字位等（图3-15）。在办公面积允许或特定条件下，还可以设计为一字位、C字位、120°位、主管团队位等（图3-16）。

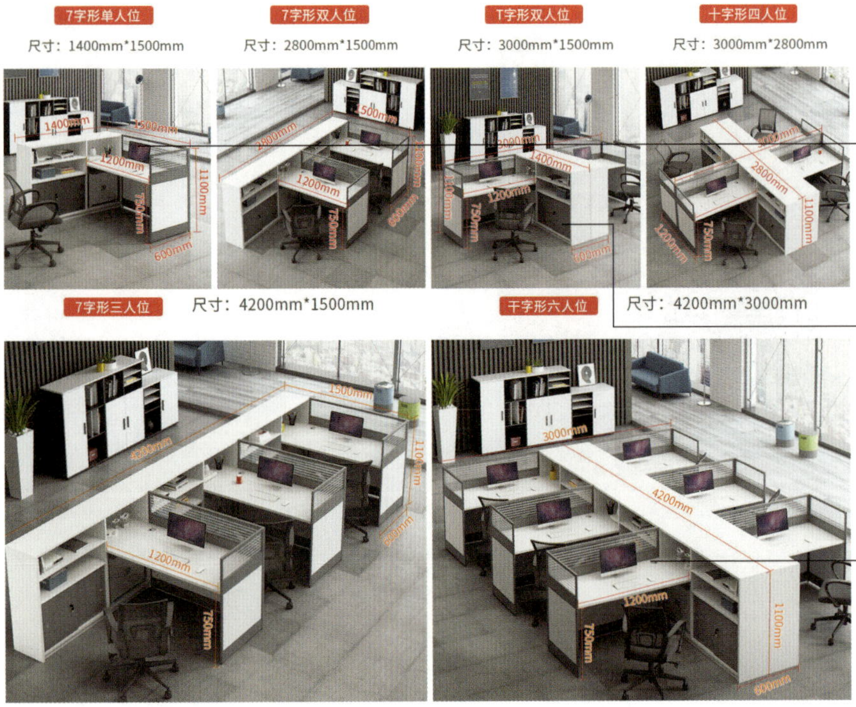

单人位带柜体方便收纳，适用于图文设计类工作与管理类工作，便于存放办公用品与文件。

通过文件柜分隔后具有较强的私密性，办公环境更独立、更自由。

在数量上形成组合，有助于节约办公面积。每个工作位的占地空间仍为1400mm×1200mm。

图3-15　工作位常规布置形式

图3-15：模块化工作位是最基本的生产单元，在工作位上安排人员、设备、原料工具进行生产装配。根据装配项目布置工位现场，安排工作成员和人数。工作位主要由板材、配件组成。经过组合而成的工作位内部集成了办公设备、电源插口、储存空间等。工作位能根据办公需求与办公空间面积进行组合搭配，形式丰富，变化多样。

图3-16（a）：一字位占地面积小，但是每个工作位的宽度应当不低于1000mm，并排放置能节省空间。

图3-16（b）：C字位适用于两人组合的工作小团队，方便沟通交流，活动面积较大，在心理上给办公人员很强的安全感。

图3-16（c）：120°位适用于面积较大的办公空间，尺寸没有具体限制，可大可小，独立开放，适用于工作性质较灵活的办公空间。

图3-16（d）：主管团队位适用于中、基层领导更好地管理自己团队，从事相对独立的工作，形成集办公、会客、传达多功能于一体的办公组合微空间。

（a）一字位

（b）C字位

（c）120°位

（d）主管团队位

图3-16　常见组合工位形式

– 补充要点 –

工作位电线布置方法

工作位一般在地面装饰层下部布置电线，根据需要配置到工作位下方，再穿过地面装饰层，如地砖、地板等布置到工作位的竖向隔板上，并在隔板上安装插座。此外，还可以在工作位中间走线，电线从墙体上延伸到工作位的侧板与支撑杆件上，采用线槽板布置走线，安装电源插座。

本项目小结

随着人性化理念的发展与重视，刻板式办公空间不再受到大家的喜爱。而本项目针对现代办公空间内家具的设计方式与设计要点进行了详细的讲解，包括办公桌椅、柜式家具、办公家具的摆放、工作位家具布置等，均配以相应的彩图和矢量图说明。

课后练习

1. 详细说明隔断设计的要点以及成品隔断的特点。
2. 办公家具的种类有哪些？
3. 原木家具有哪些特点？
4. 原木家具与实木家具有何区别？
5. 详细描述办公家具的选择要点。
6. 自主设计一处总经理办公室，并对其空间家具进行合理设计。作业数量：1份。绘制平面布置图，打印A3版面。建议完成课时：4课时。
7. 习近平总书记曾在2005年8月在湖州安吉说过：“绿水青山就是金山银山”，随后我国秉持这一发展理念并实践于各行各业中。作为办公空间设计师，我们可以选用环保型材料进行装饰，请查阅并分析可用于办公空间的环保型材料与家具有哪些。

项目4

办公空间色彩与装饰设计

学习目标：了解色彩三要素，以及色彩心理学和色彩对空间的影响。学会色彩搭配，掌握色彩在空间设计中的应用原则

重点概念：色彩设计、绿化设计、陈设品设计

本项目学习内容

色彩在办公空间设计中的巧妙应用，不仅会对视觉环境产生影响，弥补某些不足，还会对办公人员的情绪和心理活动产生积极影响。办公空间设计配色要遵循色彩基本原理，符合规律的色彩才能打动人心，并给人留下深刻的印象（图4-1）。

图4-1：会议区应充分考虑色彩的特性，运用色彩来丰富空间的视觉效果，运用色彩不同的明度、彩度与色相变化营造或沉静，或热烈，或严肃的不同风格的空间效果。

图4-1 会议区色彩设计

4.1 色彩对空间与心理的作用

有科学家发现，色彩能影响脑电波，色彩在办公空间里跟光线一样影响视觉神经、内分泌机能、中枢神经系统的活动。在办公空间使用好色彩的三要素——色相、明度、纯度是很重要的。

4.1.1 色彩调节作用

色彩本身会反映出不同的情绪，色彩情绪与人的情绪产生共鸣，人就会感觉愉悦。色彩应用的作用体现在以下几个方面。

1. 反射率

不同颜色具备不同的反射率，因此在办公环境中，色彩对于调节光线有着非常明显的效果。白色的反射率为90%以上，黑色的反射率为10%以下，大多数自然色反射率在70%～90%，灰色反射率在10%～70%。色彩的反射率主要取决于色彩明度的高低，因此，设计师在运用色彩调节办公空间的光线时，要注意颜色的明度，之后再考虑其他方面的因素。

颜色的明度低，反射率也低，随之会消减办公环境的亮度；颜色的明度高，反射率也高，随之会提高办公环境的亮度（图4-2、图4-3）。

2. 调节空间感

同样面积大小的色彩，高明度、高彩度、暖色系的色彩看起来面积膨胀；暗色、低明度、低彩度、冷色系的色彩看起来面积缩小，这对于调整办公环境的空间距离有很大作用（图4-4）。

图4-2 低明度、低反射率的色彩

图4-2：当环境光线过强时，可以选用低明度、低反射率的色彩，如灰色系列的颜色。

图4-3 高明度、高反射率的色彩

图4-3：当环境光线不足时，可以选用高明度、高反射率的色彩，如高纯度的黄色、红色、绿色。

（a）暖色空间感

（b）冷色空间感

图4-4 色彩的空间感

图4-4（a）：同样面积大小的色彩，明度高、纯度高，且为暖色系的色彩会给人前进感，看起来比实际距离近些。

图4-4（b）：明度低、纯度低，且为冷色系的色彩给人后退感，看起来比实际距离远些。

– 补充要点 –

色彩三要素

色彩是由三个基本要素，即色相、明度和纯度构成的。在设计过程中，设计师应通过色相、明度和纯度三个基本要素来描述和分析色彩。

1. 色相。即色彩的相貌和特征，是区分色彩的主要依据。

2. 明度。是指色彩的明暗程度。颜色在明暗、深浅上的不同变化，也就是色彩的明度变化。

3. 纯度。又称为饱和度，是指色彩的鲜艳程度；无彩色（黑、白、灰）是纯度最低的色彩，原色是纯度最高的色彩；颜色混合的次数越多，纯度越低，反之纯度越高；原色中混入补色，纯度会立即降低、变灰。

4.1.2 色彩心理

色彩设计离不开形和光，色彩需要与造型、采光配合才能得到理想的表意效果。在办公空间中，将色彩依附于形体之上，让形体具备各种感情倾向。

1. 冷暖感

色彩的冷暖，即暖色与冷色。色彩的冷暖感觉只是人的习惯反应，而并非色彩自身特有的温度。在实际设计中应当首先考虑中性微暖色与中性微冷色，以这些色彩为主调，穿插搭配色彩倾向分明的暖色与冷色，同时兼顾黑、白、灰色（图4-5）。

2. 兴奋与沉静

红、橙、黄的刺激性强，给人以兴奋感，被称为兴奋色；蓝、青绿、蓝紫色的刺激性弱，给人以沉静感，被称为沉静色。办公空间设计应避免大面积使用兴奋色。如果完全没有兴奋感，也会让工作情绪显得低迷，因此可以局部选择一些醒目的高纯度色彩来提升空间的兴奋感（图4-6、图4-7）。

3. 轻重感

色彩的轻重感取决于色彩的明度、纯度、色相。高明度、高纯度、暖色色相显轻；低明度、低纯度、冷色色相显重。正确运用色彩的轻重感，可以使色彩关系平衡和稳定。例如，墙面采用上轻下重的色彩配置，容易获得平衡稳定的效果；空间采用上重下轻配色，可以改变空间感（图4-8、图4-9）。

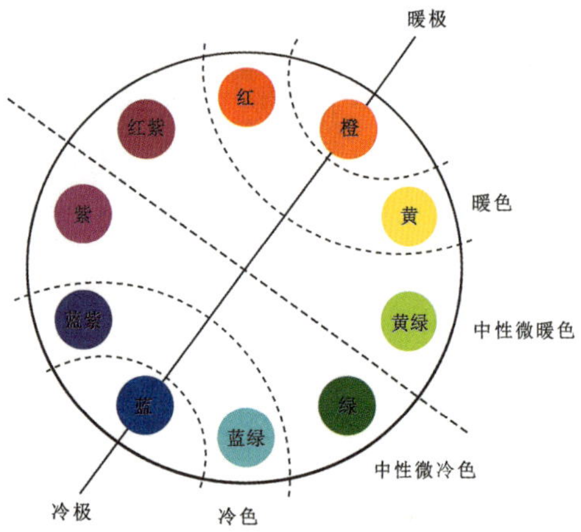

图4-5：色彩的冷暖感受是相对的，而不是绝对的。无彩色与有彩色之间相比较，后者比前者暖，前者比后者冷。在无彩色中，黑色比白色暖；在同一色彩中，暖色系的色彩（红、橙、黄等）成分偏多时，色彩就偏暖，冷色系的色彩（蓝、绿、紫等）成分偏多时，色彩就偏冷。色彩的冷暖感觉差别可达3～4个级别。

图4-5 色彩的冷暖分布图

图4-6 兴奋色

图4-6：兴奋色给人以兴奋感，办公空间设计中可以小面积使用，如黄与黑搭配，形成强烈的刺激性色彩对比。

图4-7 沉静色

图4-7：沉静色给人以沉静感，能够为办公人员创造一个安静、平和的工作环境，提高工作效率，适宜大面积使用，如蓝与青绿搭配，形成刺激性弱的色彩对比。

图4-8 上轻下重配色

图4-8：当办公空间的顶面过低时，顶棚可以采用具有上浮感的轻色，地面采用具有下沉感的重色，从视觉上增高空间的高度感。

图4-9 上重下轻配色

图4-9：当办公空间的走道过高时，顶棚采用具有下沉感的重色，地面采用具有上浮感的轻色，从视觉上降低空间的高度感。

4. 距离感

色彩可以改变物体的距离感，使人产生远与近、进与退、凹与凸的多种感觉。前进色可以缩短观察者与物体之间距离；后退色可以增大观察者和物体之间距离。

色彩的距离感，由前至后、由近推远的主要排列秩序为：红＞黄＞橙＞紫＞绿＞蓝。设计师应当利用色彩的距离感来改善办公空间的距离感。

4.1.3 色彩体现空间氛围

常规的办公环境以安静为主，主色调选用较淡雅的色彩，兴奋色更多用于辅助功能区，如健身室、乒乓球室等。但是色彩性格不是抽象的色彩关系，不能生搬硬套，需要综合考虑。

同样的色彩，在不同材料、不同质感、不同光照下的视感是完全不同。因此，设计师要尽可能利用材料本身的色彩、质感、光影效果，更好地为设计传达意义服务（图4-10）。

（a）冷灰色办公空间

（b）暖灰色办公空间

图4-10　办公环境中色彩的体现

图4-10（a）：根据不同的办公空间的功能要求和性格，可以选用不同的色彩，以满足使用者的不同心理和生理要求。冷灰色办公空间适合宁静的办公环境，能让人静心工作。

图4-10（b）：暖灰色办公空间能让人兴奋，搭配暖色灯光，更适用于无开窗的封闭空间，如办公空间中的休息室等。

4.2　色彩搭配原则

办公空间的色彩设计应当具有趣味性，而不能显得单调枯燥，让办公环境能够更激发员工的工作热情。

4.2.1　色彩与材料搭配

色彩与材料搭配主要解决两个问题，一是色彩要用在不同质感的材料中，将不同质感效果表现出来；二是要充分运用材料的本色，使室内色彩更加丰富、自然清新。

同一色彩用于不同质感的材料中，效果是相差很大的。它能使视觉效果在统一中有变化。从色彩的坚硬与柔软、光滑与粗糙、木质感与织物感的对比中来丰富空间设计。

4.2.2　满足基本功能需求

色彩要根据办公室内设计风格与特征来考虑空间形象策划，并根据现场环境特点，在整体上进行色彩搭配。色彩要能填充空间形态，让空间变得饱满起来，而不会让人感到空洞（图4-11）。

4.2.3　遵循形式美原则

充分发挥色彩的美化作用，色彩配置应当符合形式美原则，正确处理统一与变化、协调与对比、主景与背景、基调与点缀等各种关系。

1. 确定基调

办公室间的色彩基调以素雅、自然为主，形

（a）深蓝色顶面

（b）陈设家具

图4-11 色彩的基本功能需求

图4-11（a）：在色彩设计时应首先考虑功能上的要求，力争体现与功能相适应的性格和特点。深蓝色顶面让空间显得深远高大。

图4-11（b）：暖黄色的陈设家具与空间内暖色灯光相搭配，具有亲和力，让人愿意接近。

成自然、轻松的环境，有利于办公效率的提高（图4-12）。

2. 统一与变化

色彩统一协调的关键在于基调，但只有统一而无变化，仍然达不到美观耐看的目的（图4-13）。

3. 稳定与平衡

上轻下重的色彩关系具有较好的稳定感，因此，办公空间的顶棚常用较浅的颜色，地面则用较深的颜色，只是表现特殊效果时往往采用深色顶棚。色彩的重量感还直接影响到构图的平衡感，要避免产生不稳、失重等现象。

4. 韵律与节奏

色彩的起伏要有规律性，形成韵律与节奏。要适当地处理门窗与柱、窗帘与周围部件等的色彩关系。有规律地布置办公桌、资料柜、沙发、设备等，以获得良好的韵律感与节奏感。

图4-12 定基调

图4-12：基调是色彩设计的主角，除此以外的其他色彩则是起着丰富、润色、烘托、陪衬的作用。

图4-13 寻求统一与变化

图4-13：大面积色块不宜采用过分鲜艳的色彩，小面积色块则应适当提高明度和彩度，这样才能获得较好的变化效果。

4.3 色彩设计技巧

室内色彩设计能否取得令人满意的效果，关键在于能否正确处理各种色彩之间的关系。处理色彩关系的主要方法是协调与对比，即整体大色块之间注重协调，大色块与小色块之间强调对比。

4.3.1 色彩搭配技巧

办公空间的色彩设计方法和其他类型空间一样，也要遵循相应的设计原则，归纳起来有以下几种设计方法：

1. 以自然材料本色为基调

自然材料的本色主要是指木材和石材的颜色，将这两者作为办公空间设计的基调色是比较保险的方法。

直接大面积用木材和石材这两种颜色，会让办公空间显得家居化，大多数木材和石材都是米色系，因此要在空间中考虑搭配深重的颜色来点缀（图4-14、图4-15）。

2. 以黑白灰为基调

点缀色一定要根据色彩的象征意义和形象来选用，需要严格挑选并慎重使用（图4-16）。

3. 以中性色为基调

中性色有灰、金、银等几种颜色，配色时应适当使用不同层次的灰色或偏灰的色相（图4-17）。中性色配色的视觉效果丰富且不艳丽，设计时应处理好色彩的浓淡关系，如果处理不当，容易显得暗沉、陈旧。

办公空间色彩的设计除上述方法外，还有现代派和后现代派的配色设计。其特点是用大量的明亮和鲜艳的对比色，或用金银色等金属色营造环境气氛。这种风格可用在某些特殊行业的办公空间，如娱乐公司、广告公司、网络公司等。

图4-14　以木材的本色为配色基调

图4-14：自然木材主要包括浅黄色的枫木、橡木、松木、红胡桃等，适合装饰一些优雅、自然、恬静、有现代感的办公空间；深色的榆木、红木等，则适合装饰一些较严肃、拘谨、传统的办公空间。

图4-15　以石材的本色为配色基调

图4-15：自然石材主要包括浅色的汉白玉、大花白、爵士白、金米黄、木纹石等，适合优雅、清爽、洁净的环境；而深色的印度红、宝石蓝以及各类黑石，适合华贵、庄严的环境。

图4-16：以黑白灰为基调，增加1～2处鲜艳的颜色作为点缀，鲜艳但不会过于花哨，醒目但又非常易于协调。运用环境中的自然光照明对办公空间进行点缀，在黑白灰色为主的室内环境中增添了一抹生动。

图4-16　以黑白灰为基调，点缀鲜明色彩

（a）中性色搭配红色　　（b）中性色搭配绿色

图4-17　以中性色为配色基调

图4-17（a）：中性色配色时应适当使用深灰或浅灰色，并在饰物和植物布置时选用鲜艳色，比如红色在空间中进行点缀，凸显门厅的活力氛围。

图4-17（b）：在空间中使用绿色进行搭配，激活其所在环境的气氛，追求淡雅、温馨的色彩感。

4.3.2　色彩设计步骤

办公空间色彩设计并不是一个完全独立的过程，它必须与整体空间设计相协调，并在总体布局方案确定之后再进行整体色彩深化设计，最终才能获得更好的视觉效果（图4-18）。

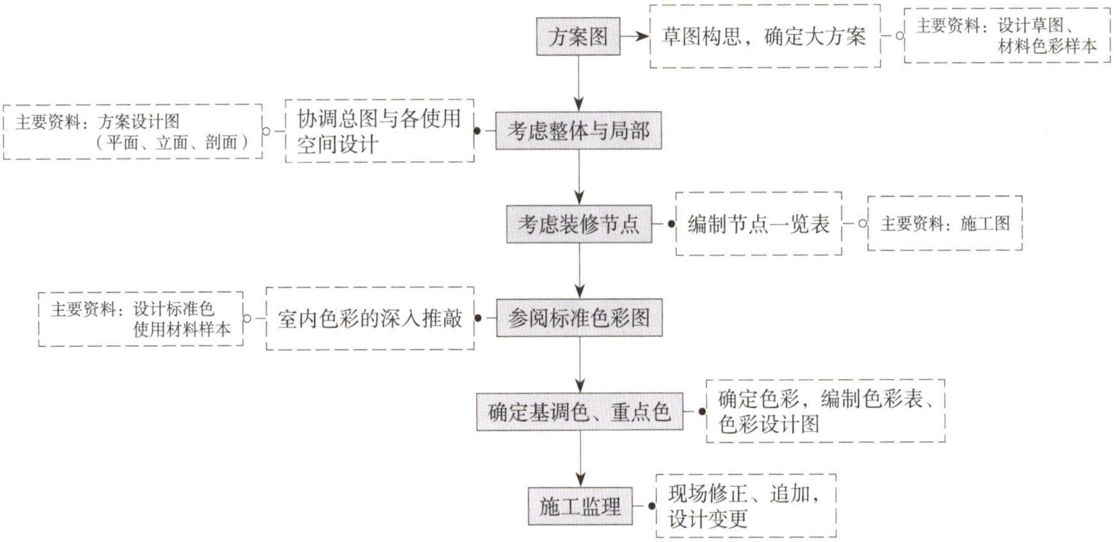

图4-18　色彩设计的步骤图

图4-18：在对办公空间进行色彩搭配时可参考此图步骤进行设计，便于最终较好的视觉效果呈现。

4.4 绿化设计对空间的作用

在办公空间环境中，植物对于组织室内空间分区、改善办公环境、美化视觉效果、提升工作热情，有着不可替代的作用。

4.4.1 绿化组织空间

室内植物经过适当组合与处理，才能有效组织空间、丰富空间层次，起到积极作用。

1. 引导空间

植物在室内通常显得比较引人注目，因此绿化在室内空间组织上，常作为空间过渡引导，具有极好的引导和暗示作用。它有利于组织人流，引导人员快速导向主要活动空间或出入口。

2. 限定与分割空间

植物对空间的限定有别于隔墙、家具、隔断等，植物组合适用于开敞式办公空间，能限定、分割空间（图4-19）。

3. 沟通空间

植物作为室内外空间的联系，能扩大室内的空间感。

4. 填补空间

根据空间大小选择合适的植物，可以给空间布置锦上添花（图4-20）。

4.4.2 绿化改善空间

通过植物本身的生态特性可以有效改善办公空

（a）绿化搁架

（b）移动树池

图4-19 利用植物限定与分割空间

图4-19（a）：绿化搁架具有更大的灵活性，被限定的各部分空间既能保证一定的独立性，又不失整体空间的开敞完整。常见的绿化搁架是将文件架、资料架等改造成专门放置绿化盆栽的家具，所处的位置采光应当充分，适合观叶植物生长。

图4-19（b）：移动树池是将室外园林景观中的树池引用到室内办公空间来，分散排列，较高的观叶植物具有遮挡功能，整齐排列后能形成类似立柱隔断的视觉效果，成为办公空间中分割空间的重要形式。

图4-20　利用植物填补空间

图4-20：对于一些死角或无法利用的空间，都可以利用植物来解决问题。

间环境，如绿化植物可以调节室温、净化空气、减少噪声等。植物通过光合作用，可以吸收二氧化碳，释放氧气。植物叶片能吸热和蒸发水分，对室内环镜能起到降温和保湿作用。密度较大的枝叶之间形成空腔，起到隔声降噪的作用（图4-21）。

4.4.3　绿化美化空间

植物具有自然形体，时常具有变化，这种造型能美化空间，让空间具有丰富多彩的变化（图4-22）。

图4-21　墙面垂直绿化

图4-21：墙面垂直绿化是现代办公空间的流行设计趋势，墙面大面积栽植绿萝，采用小盆株植，能随时取下保养，方便室内养护管理。

图4-22　吊挂绿化

图4-22：将花草悬挂配置，能提升空间的视觉效果，以观叶植物为主，放置在接近玻璃幕墙的部位，吸收充足的光线，生长会更旺盛，给办公人员在繁忙的工作中舒缓疲劳。

4.5　绿化配置要求

要完成办公空间设计中的绿化配置，需要正确选择植物，根据现有场地对不同用途的植物进行科学搭配。

4.5.1　植物配置样式

办公绿化植物的配置有两种基本方法：一是

利用盆栽摆放，既可散摆，也可组合摆，称为不固定式；二是植物直接种植于办公空间内的地面、花池、假山上，称为固定式。

盆栽摆放，灵活方便，可以随便搬移或组成花坛式、垂吊式、绿墙式、柱式等各种形状，起到装饰和划分空间的作用。植物直接进行地植，可以栽植大型植物，形成良好的植物景观，特别适合于大型办公空间。植物配置形式可分为规则式和不规则式两种类型。

1. 规则式配置

规则式设计包括相对对称、平移、平移扩大等形式。可以是两株对植、多株阵列种植或种植于花坛中。这类形式多用于装饰桌面、大厅、走廊，可以布置中大型会场、展厅等，体现庄严、大方的风格（图4-23）。

在规则式设计中常用列植的形式来配置植物，列植是指两株以上植株，按一定间距排列，包括两株对植、线形行植、多株阵列种植，多用于大厅或

（a）树池排列

（b）花坛排列

图4-23　利用植物限定与分割空间

图4-23（a）：规则式也称为对称式，植物品种为一种或多种，但每一品种都要求大小统一，按所设计的图案单元进行组合。树池排列能形成空间分隔虚拟屏障，树池的间距以树梢接触为基准，池体占地面积尽量小。

图4-23（b）：花坛分列在户外环境中更有利于采光，在背光的室外应当考虑观叶植物，如黄杨、女贞等品种，可以根据空间装饰需要进行修剪成形，枝叶不向外延伸，形成完整规则的视觉效果。

－ 补充要点 －

配置水生植物

水生植物大多喜光，因此引入室内的不多。但是近年来，采光和人工照明技术得到了极大发展，此外人们对自然水体的向往，促使在室内绿化引入水生植物来创造更生动的绿化水景。

水生观赏植物繁殖快、管理粗放。配置方式分为水面配置、浅水配置两种。能形成自然的水景绿化效果。水面采用浮水植物，如一叶莲、铜钱草等；浅水则采用挺水植物（植物的根茎生长于泥中），如蒲草、狐尾藻等。但是水生植物不宜种满水池，以占三分之一水面为宜，否则水面会失去倒影的效果。

出入口处。多选用棕榈科的单生型植物、桑科榕属植物，利用附生植物，以阵列的形式悬吊于高空，如蕨类、常春藤。植物一般为同种植物，且大小、形态相同，如果为不同植物，也应当在体量、外形、色彩、质感上接近，以免破坏整体感。列植能表达出多样和重复的视觉美感（图4-24）。

2. 不规则式配置

不规则式植物配置主要用于采光、通风、供水条件较好的现代大型办公空间内。不规则式种植亦具有单植、列植、丛植和群植等配置方式。

在设计过程中可以做少量地形改造，如垒石、堆土、砌池、造人工喷泉等，使其具有自然野趣的风韵，也可以布置一些茶座或休息座椅，置身其中，宛如世外桃源。在多数情况下，办公空间中的不规则植物配置比较集中，不会零散布置，否则会让空间显得凌乱。

（1）单植。单植即只采用一株独立植株，选用观赏性较强的植物，如叶形独特的苏铁、蕨类、散尾葵，塔形的南洋杉，色彩艳丽的三色堇、铁线莲、桂花。

（2）丛植。指2～10株植株，并且形成组合的单株植物要求美感强，形成有观赏价值的植物丛。主要用于办公空间室内种植池中，小体量植物也可以由移动式盆栽配置形成，丛植植物的排列形式要有序列感，如中间较高大，周边较低矮，形成一定视觉对比。

（3）群植。指大于10株植株的组合，包括室内盆栽的组合、图案式花坛和大厅构成主景的林型景观。群植可以分散，与办公空间的家具相搭配，形城环绕布局的形式。

（a）两株对植

（b）线形行植

（c）多株阵列种植

图4-24 有规则布置植物

图4-24（a）：两株对植通常采用花叶兼备的同种木本植物和观叶植物，比如绿萝、万寿菊、塔柏等，形成对称种植，起到标志和引导作用。

图4-24（b）：线形行植采用花槽或盆栽，使多株植物成行配置；可以一行或者两行摆放，形成均衡对称，比如，在楼梯、栏杆、窗台、阳台的花槽内成行相间排列花木，借以规定范围，组织室内空间。

图4-24（c）：多株阵列种植利用附生植物以阵列的形式悬吊于高空，如蕨类、常春藤。

- 补充要点 -

丛植配置的方式

丛植配置要求疏密有致，适合于办公环境的丛植配置方式如下：

1. 二株。与列植中的对植不同，丛植中的二株植株靠得很近，能形成整体造型，即使是盆栽，也应当选用同一树种，但在姿态、大小、动势上有所区别，统一中存在对比。

2. 三株。选用同种植物或外观类似的两种植物来配合，但是不用选三种不同的植物。种植点呈不等边三角形配置，形成聚散、疏密、大小的对比，达到统一调和。

3. 四株。如果采用两种不同植株，必须同为乔木或同为灌木；如果采用三种不同植株，必须有两种外观极为相似，通常有3+1、2+1+1组合，如3+1组合，“3”为主体（最大株在此），“1”为从属。

4. 五株。如果树种相同，每株树的形体、姿态、动势、大小、栽植距离都应力求差异；通常有3+2、4+1、3+2组合，如3+2组合，“3”为主体（最大株在此），“2”为从属。

5. 五株以上。植物的配置，株数越多越相附在一起，在设计上始终要注意聚散、疏密、大小的对比。

4.5.2 植物配置要求

在办公环境中，植物的配置要遵循植物生长的规律与环境条件进行科学、合理配置，目前适宜室内种养的大多数植物都喜阳耐阴，喜湿耐旱，要根据植物的特性来配置。

1. 了解植物的环保功效

观叶类植物都是白天吸收二氧化碳、夜晚消耗氧气，如龟背竹、铁树、富贵竹等。有的植物耐阴、忌阳光直射；有的则喜阳，要放置在靠近外窗或玻璃幕墙的位置；有的植物耐干旱，忌水过多，有的植物则喜湿润，要长期保持湿润（图4-25）。

图4-25（a）：各类植物的功效特性都不一样，如龟背竹喜温暖湿润、遮阴的生态环境，其夜晚会吸收二氧化碳，释放氧气，还可以吸收甲醛、苯等有害气体。芦荟喜阳光充足且通风的环境，对于有害气体其能够遮盖气味、吸附以及分解消除。

图4-25（b）：吊兰适应性强，可吸收室内空间80%以上的有害气体，被称为“甲醛去除之王”；绿萝喜温暖湿润、半阴的环境，净化空气效果尤其好。

图4-25 植物的净化、环保功效

（a）有净化功效的绿植盆栽

（b）有净化功效的水培绿植

2. 正确引用植物寓意

传统植物通常有许多寓意吉祥的名字，对于办公事务起到吉庆、好彩头的心理暗示作用，如万年青、富贵竹、发财树、仙客来、鸿运当头等。从更深层的文学内涵上来看，植物有赋予设计方案意境的潜力。如在文化企业的办公环境中，通常喜用“竹”作装饰，给人带来浓厚的文化氛围。

3. 规避安全隐患

选择植物注意避免有毒的植物，如滴水观音、夹竹桃；避免有硬刺的植物，防止扎伤，如虎刺梅。办公环境一般选用观叶类植物，少用芳香类植物。因为在室内空气不流通的情况下，芳香类植物有可能引发过敏体质人群产生过敏症或心血管疾病。

4. 为植物提供更多融入空间的方式

如果没有自然光照，植物也可以在人工模拟光照的环境中快速生长。植物与水景相结合能轻松组成一个微型生态循环系统，将大自然融入空间，提升空间品质（图4-26）。

4.5.3 植物配置方法

植物已成为现代办公空间不可或缺的物品，在绿色、环保、人文的设计理念下，绿色植物的作用不容小视，不仅能够改善优化办公环境，而且能够带来生态感。植物的配置应考虑尺度、特征（风格、功能）、搭配等因素。

1. 植物与空间尺度相适应

室内植物小可至几厘米，大可及数米。在小空间中用大型植物或在大空间中用小型植物，都难以获得理想的效果。如中等植物可以放置在办公桌或架子上，展示其轮廓美（图4-27）。

2. 植物与空间风格、功能相协调

每种植物都具备自身的特征，这主要体现在其形态、质感、色彩、生长特点上。办公空间绿化设计应考虑植物自身的差异性，将合适的植物放置在合适的区域。例如，铁树形态高大，适宜放置在面积较大的门厅中；多肉植物形态清新，适宜放置在办公桌或其他台面上。因为这些植物的体量、气质都与对应的办公空间氛围相符。

（a）植物造景

（b）植物上墙

（c）植物上架

图4-26 植物融入空间的形式

图4-26（a）：植物造景是植物与建筑室内构造融合，植物的摆放与建筑结构对应，如放置在立柱旁，与立柱融为一体。

图4-26（b）：植物上墙是在装饰墙面上设计内凹造型，将小型盆栽植物插入墙面格架中，需要定期浇水养护。

图4-26（c）：植物上架需要考虑采光，多层搁架上的植物应当保证充足的光照。

（a）桌面搭配小型植物，地面盆栽稍大

（b）低矮的家具搭配较高的植物

图4-27　植物尺度合适

图4-27（a）：植物在配置上应注意与办公空间环境相协调。正常高度的桌椅搭配的植物形体不宜过大，落地摆放的植物高度一般不超过桌面，桌面上的植物高度不超过300mm。

图4-27（b）：选择大小合适的植物，让其与办公空间内的设施、设备、办公家具等相协调。低矮家具或日式家具，可以搭配较高的盆栽植物，当人席地而坐时，有观赏乔木的感受。

3. 合理搭配植物

植物的种类不同，观赏的部位也不同。办公空间室外可以选用月季、长寿花、石斛等观赏其花，文竹、万年青等观赏其叶。搭配时还应考虑到四季色彩的变化等，如文竹、仙人掌、万年青、罗汉松、苏铁等可常年观叶；吊兰、报春花、海棠花、茉莉花等可春夏季观花；冬青、菊花、芙蓉花等可秋冬季观花。可以将这些植物混合搭配植栽，形成四季应景的视觉效果。

4.6　办公空间绿化设计

以往设计师大多将植物作为设计方案的点缀，最多只考虑植物的形态、生长习性、成活率等方面问题，很少有设计师专门针对植物进行深入设计。

4.6.1　绿化植物禁忌

装饰性强且形态优美，是办公绿化植物选用的重要条件（图4-28）。但是有些植物耗氧量高或有毒，因此，了解植物的特性非常有必要。

（a）公共活动绿化

（b）走道绿化

图4-28　办公空间绿化

图4-28（a）：设计师应根据空间的大小尺度和装饰风格，从品种、形态、色泽等几方面来综合选择植物。公共活动区可以零散配置。

图4-28（b）：走道的绿化一般为凸显走道的范围以及路线，会以集中式贴边布置，无形中为人们指引了方向，并且沿边的绿化设计丰富了办公空间。

办公空间的植物摆放禁忌如下：

1. 忌毒

有些植物拥有美丽的外表和浓郁的香气，潜伏在室内。一旦人们接触不当，就会成为危害人体健康的“隐形杀手”，我们要格外小心。

（1）水仙。水仙的鳞茎中含有拉丁可毒素，人误食后会引发呕吐、肠炎等，因此要切记，不要触摸水仙鳞茎，更加不能误食。

（2）含羞草。含有一种具有剧毒的物质称为含羞碱，人与之接触过多后会造成头发脱落。

（3）夹竹桃。植株有剧毒，对人体有致命伤害。

（4）马蹄莲。有毒，含有大量的草本钙结晶和生物碱，但可以放在室内观赏。

（5）滴水观音。茎汁液有毒，不能误食。

（6）虎刺梅。其汁液里含有生物碱毒蛋白等有毒物质，沾到皮肤上会造成红肿、瘙痒，并且枝干上有很多尖刺，容易扎伤皮肤。

2. 忌香

花草绿植不仅让办公环境更有活力，还是应对电磁辐射、二手烟等空气污染的好帮手。然而，并不是所有的花草都适合摆在室内。气味过于浓郁的花草，容易导致人出现过敏性哮喘、咳嗽等不良反应，有些花草的香味还具有微量毒性。

（1）郁金香。含有毒碱，最好选择摆放在阳台或窗台旁。

（2）夜来香。其夜晚开花，味道浓烈，会使人的神经产生兴奋。

3. 忌过敏

有些花卉会让人产生过敏反应，如绣球花、风信子、紫荆花等。

4.6.2　办公空间植物图鉴

办公空间植物的选择应注意室内光照条件，这对植物的长期生长最为重要。同时，办公空间内的温度与湿度也是选用植物必须考虑的重要因素。办公绿化宜选择季节性不明显、在室内易成活的植物（表4-1）。

表4-1　　办公空间植物图鉴

植物名称	形态图像	生长习性（环境/土壤）	吸附净化功效
仙人掌科		1. 喜湿热、阴凉的环境； 2. 喜腐殖质、疏松肥沃、酸性的土壤	可大量吸收甲醛、乙醚等有害气体，且夜间吸收二氧化碳，释放氧气，减少辐射
多肉植物		1. 喜温暖、光照充足的环境，耐干旱，不耐寒，忌高温、暴晒； 2. 喜疏松透气、中性或微酸性、排水良好、有一定保水能力的土壤	在夜间吸收二氧化碳，释放氧气，可以净化空气、防辐射
常春藤		1. 喜温暖、湿润的环境，不耐寒； 2. 喜湿润、疏松肥沃的土壤	在充足光照条件下，一盆常春藤能消灭室内90%的苯，还可吸收尼古丁等难以吸附的有害物质
绿萝		1. 喜湿热、阴凉的环境，忌阳光直射； 2. 喜腐殖质、疏松肥沃、微酸性的土壤，也可水培	具有极强的空气净化功能，可以吸收空气中的苯、三氯乙烯、甲醛等有害气体
吊兰		1. 喜温暖湿润、半阴的环境，不耐寒但耐旱； 2. 不择土壤，喜排水良好、疏松肥沃的砂质土壤，也可水培	有小型空气净化器之称，吸收甲醛比例达80%以上，且还能分解苯、尼古丁、一氧化碳等有害物质
米兰		1. 喜温暖湿润、阳光充足的环境，稍耐阴但不耐寒； 2. 不择土壤，喜土层深厚、疏松肥沃、微酸性的沙质土壤	吸收空气中的二氧化硫和氯气，同时散发出具有杀菌作用的挥发油，因此其具有较强消毒功能
虎尾兰		1. 喜温暖、湿润、阳光充足的环境，耐阴、耐干旱； 2. 不择土壤，喜排水性较好的砂质壤土	白天可释放出大量的氧气，两盆虎尾兰基本上能够将一间办公室内的空气净化干净

续表

植物名称	形态图像	生长习性（环境/土壤）	吸附净化功效
芦荟		1. 喜阳光且通风的环境，抗旱，不耐涝，忌阳光直射； 2. 喜透水、透气性好，有机质含量高的微碱性土壤	空气污染严重时，叶片会出现褐色斑点，发出警示；适合净化新装修后的办公室，甲醛吸收力特别强
菊花		1. 喜阳光、温暖、湿润的环境，怕涝，忌荫蔽； 2. 喜地势高燥、土层深厚、含腐殖质、肥沃砂质土壤	主要吸收甲醛、尼古丁，分解复印机、打印机中排放出的苯
龙血树		1. 喜阳光充足、高温多湿的环境，耐阴； 2. 喜疏松且透气性较好的土壤，也可水培	可清除来自复印机、激光打印机、洗涤剂、黏合剂中的三氯乙烯
蕨类		1. 喜温暖、阴湿且通风的环境； 2. 喜湿润、透水性较好、含腐殖质的土壤	能够分解甲醛、甲苯、二甲苯等有害物质
铁树 （苏铁）		1. 喜暖热、湿润的环境，不耐寒，生长缓慢，喜铁元素； 2. 喜湿润肥沃、微酸性的土壤	
万年青		1. 喜温暖、湿润、半阴的环境； 2. 喜肥沃、排水性较好、含腐殖质的土壤	通过光合作用，吸收二氧化碳，释放氧气，能净化空气
发财树 （瓜栗）		1. 喜高温高湿的环境，不耐寒，幼苗忌霜冻； 2. 喜肥沃疏松、酸性的沙壤土	
金钱榕 （圆叶橡皮树）		1. 喜温暖、高湿、通风的环境，耐阴、耐寒，生长快； 2. 喜肥沃、排水良好的土壤	

4.7 办公空间装饰设计

装饰品是指用来美化或强化环境视觉效果的、具有观赏价值或文化意义的物品。只有当一件物品既具有观赏价值、文化意义，又具备被摆设（或陈设、陈列）的观赏条件时，该物品才能称作装饰品。装饰品包括灯具、布艺、花艺、陶艺、摆饰、挂件、装饰画等。

4.7.1 多样化的艺术装饰品

办公空间内装饰品内容丰富。在办公空间中，除了围护空间的建筑界面以及建筑构件外，一切实用或非实用的可供观赏、陈列的物品，都可以称为装饰品。根据装饰品的性质分类，陈设品可分为四大类：

1. 纯观赏性物品

纯观赏性的物品主要包括艺术品、部分高档工艺品等（图4-29）。

2. 实用性与观赏性一体化物品

实用性与观赏性一体化物品主要包括家电、照片、器皿、织物等（图4-30）。

3. 发生功能改变的物品

发生功能改变的物品多指那些原来仅有使用功能的物品，随着时间或空间的推移，这些物品的使用功能已经丧失，而审美和文化的价值却得到了升值，因此而成为珍贵的装饰品。如远古时代的器皿、服饰、建筑构件等，又如异国他乡的普通物品都可以成为极有意义的装饰品（图4-31）。

图4-29（a）：运用弩箭造型组合形成异型吊灯，对于相当单调的吊顶起到了装饰、点缀的作用，为空间增添了艺术感。

图4-29（b）：在办公空间的关键交通纽带处设置一处具有艺术性的小品，特别的造型可吸引客户的注意力，营造良好的第一印象。

（a）装饰吊灯

（b）走道小品

图4-29 纯观赏性物品

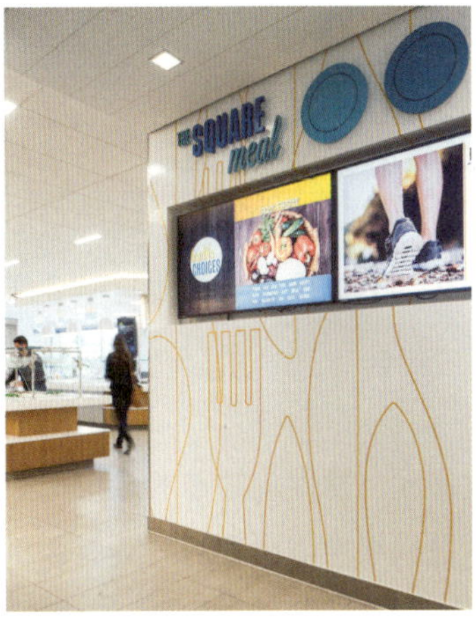

（a）显示屏幕

（b）玩具展示

图4-30（a）：在走道设置内嵌电视屏幕，运用屏幕播放公司相关业务和最近项目，既宣传了本公司的品牌形象，也达到了一定的装饰效果。

图4-30（b）：利用不同的玩具形式对办公区进行装饰，特别是在游戏行业或玩具行业的办公空间出现得较为频繁，对本公司的特色进行潜移默化的宣传。

图4-30 实用性与观赏性一体的物品

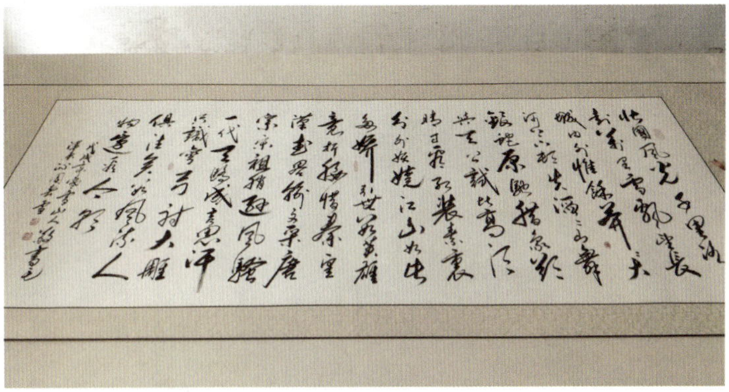

图4-31：名家大师的书法作品流传多年后，具有极高的收藏价值，属于时间推移后，功能发生改变的物品，原本是抒发情感、记录生活的物品，如今成为陈设品，经过重新装裱后提升了装饰价值。

图4-31 具有收藏价值的珍贵物品

4.7.2 装饰品设计原则

在多数情况下，办公空间设计师虽然不会去精挑细选装饰品，但是要在平面图上标示出其摆放位置，指出装饰品的风格和色彩。装饰品在办公环境中是不可或缺的，其设计应遵循如下原则：

1. 比例合理，功能完善

装饰品搭配中最经典的比例为黄金分割了。如果没有特别的设计考虑，可以采用1：0.618的比例来划分办公空间环境，装饰品的摆放位置可以是地面、墙面、顶面或家具上某个长度尺寸上的黄金分割点（图4-32）。

图4-32 比例合理的布置

图4-32：利用“黄金分割”定律，将花瓶放在办公桌偏左或偏右的位置，视觉效果更加活跃。

2. 节奏适当，找好重点

在办公空间的装饰品设计中虽然可以采用不同的节奏和韵律审美，但是在同一个空间中切忌使用两种以上的节奏，否则会让人无所适从、心烦意乱。办公空间视觉中心是极其重要的，人的关注范围要有一个明确的中心点，这样才能形成主次分明的层次美感。对某一部分的强调，可以打破全局的单调感，使整个办公空间变得有朝气（图4-33）。

3. 多样配置，统一协调

办公家具要有统一的风格和格调，再通过饰品、摆件等细节的点缀，进一步提升空间环境的品位。调和是将对比双方进行缓冲与融合的一种有效手段，例如，暖色调的运用和柔和布艺的搭配（图4-34）。

图4-33 节奏适当，强调重点

图4-33：通过陈设品体量大小的区分、空间虚实的交替、构件排列的疏密或长短的变化、曲柔刚直的穿插等变化来实现节奏与韵律的美，强调某一部分，形成唯一的视觉中心。

图4-34 遵循多样与统一的原则

图4-34：陈设品布置应遵循多样与统一的原则，据大小、色彩、位置使之与家具构成一个整体。照片墙上的照片虽然排列密集，但是却按照片的底色进行了分类。

照片墙

本项目小结

本项目具体讲解了办公空间内的色彩设计、绿化设计、装饰品设计等，讲述了现代办公环境所存在的问题，还提出了相应的解决方案，并配图说明了办公空间中色彩环境，以及绿化环境的重要性，具体描述了如何更好地建设色彩环境、绿化环境，运用多种方式使办公空间具有艺术性、美感。文中还配以补充要点对办公环境设计的相关内容做了补充说明，详细具体，简单明了。

课后练习

1. 为何要进行办公环境布置?
2. 解释办公空间绿化设计应遵循的原则。
3. 详细说明办公空间的构色原则。
4. 根据自己的理解说明黑色在办公空间色彩设计中所扮演的角色。
5. 详细描述办公空间绿化应满足哪些条件?
6. 根据装饰品设计原则，为之前设计的总经理办公室增添一处装饰品，并阐述其放置的理由。作业数量：1份。渲染效果图以及平面图细化，打印A3版面。建议完成课时：4课时。
7. 中国文字蕴含着人类最高尚的追求和理想，承载了中国悠久的历史文化，是中国文化之载体，在植物的名称上就有充分的体现，很多植物的名称都包含了中国人对它的期望。查阅独具特色的植物名称，思考其名称的来历以及寓意。

项目5

办公空间照明设计

学习目标：掌握照明设计中常用物理量，并会进行基础计算，了解办公空间照明布局和各种灯具照明形式

重点概念：照明设计、质量要求、布局与形式

本项目学习内容

现代办公空间良好的照明设计不但能满足人生理、心理上的舒适感和安全感要求，还能激发办公人员的工作热情、提高工作效率。目前绿色环保理念在设计项目中广泛盛行，照明在设计中的节能要求日益受到重视。节省电能、提高用电效率成为评价照明质量的重要标准（图5-1）。

图5-1：办公照明在保证基本照度的前提下，照明的质量不再单纯以照度、光色、氛围等直观感受为评价标准。

图5-1　办公照明设计

5.1　照明设计基础

良好的照明设计不但能满足人生理、心理上的舒适感和安全感要求，还能激发办公人员的工作热情，进一步提高办公人员的工作效率。

5.1.1 照明基本概念

办公照明设计是指能满足长时间工作活动的自然采光与人工照明设计（图5-2）。

为了后续能够更好地解读照明相关内容，下表详细地列出了几个关于照明的基本物理量及相关定义（表5-1）。

图5-2：办公接待区一般设置在入口附近，在照明设计上可选用较有设计感的圆形灯具进行装饰。因自然光照明较为充足，人工照明可作为辅助灯光照明。

图5-2 办公空间接待区

表5-1 与照明相关的基本物理量

序号	照明物理量名称	定义	单位
1	照度	单位面积内的光通量	lx（勒克斯）
2	光通量	光源每秒钟所发出的可见光量的总和	lm（流明）
3	发光强度	光源在指定方向的单位立体角元内发出的光通量	cd（坎德拉）
4	亮度	描述发光物体表面或被照物体对光反射时所产生的表面亮度强弱的物理量	cd/m^2（尼特）
5	显色性	光源对于物体颜色的呈现程度	
6	色温	当光源的色品与某一温度下黑体的色品相同时，该黑体的绝对温度为此光源的色温	K（开尔文）
7	眩光（直射眩光、反射眩光）	由于光线的亮度分布不适当或亮度变化太大以致引起不舒适感觉或降低观察细部或目标的能力的视觉现象	
8	发光效率 η	光通量与功率的比值，可以作为不同发光光源性能比较的依据之一	lm/W

5.1.2 照明照度与亮度分布

1. 合理的照度分布

针对不同环境，国家出台了相关照明设计的标准，其中一项重要的指标就是在功能空间内要有合理的照度水平，工作面上的照度要分布均匀（表5-2）。

表5-2 办公空间推荐平均照度值

不同功能的场所	关于照明的名词	平均照度/lx	办公空间
非经常使用区域	暗环境的公共区域	20～50	走道
	短暂逗留的区域	70～100	休闲区、楼梯间、电梯间
	不进行连续工作的空间	150～200	门厅、接待区

续表

不同功能的场所	关于照明的名词	平均照度/lx	办公空间
办公区一般照明	视觉要求有限的区域	300～500	员工办公区
	普通要求的办公作业区	500～750	接待室、会议室、独立办公室
	高照明要求的办公区	1000～1500	普通实验室
精密视觉作业的附加照明	长时间精密作业区	2000～4000	精密实验室
	特别精密的视觉作业区	5000～8000	展示、陈列室
	特殊精密作业（手术）	8000～15 000	测试装配室

在确定照度时，应考虑人体视力和心理两方面因素。通常人在阅读或做其他视觉工作时，至少需要500lx，而实际上为了减轻眼睛的疲劳，在精密劳动工作环境中则需要1000～2000lx（图5-3）。

2. 合理亮度分布

办公空间各表面要有适当的亮度分布（图5-4）。如果亮度过强，则人的注意力不易集中，因此办公区的亮度应当分布均匀，多以顶部平板灯光为主，展陈区的亮度应当集中，提高局部亮度与对比度（图5-5）。

除特定环境外，如果亮度分布差过大，则会引发使用功能上的不便利。因眼睛适应光差而产生的安全隐患概率也是存在的。空间各表面的亮度分布与顶、墙、地材料的反射率有一定关系（表5-3）。

图5-3（a）：低照度适用于办公空间中的会客区与休闲区，合理提高相应照度标准，适当增加重点区域办公空间的照度，也会使空间产生开敞、明亮感觉。

图5-3（b）：高照度适合贵宾会客区，有助于提高办公人员的工作效率，提升企业形象。

（a）低照度

（b）高照度

图5-3 办公空间照度变化

图5-4：亮度分布变化不宜过大，否则容易引起视觉疲劳。如果要对局部装饰造型强化照明，也要对光源进行适度遮挡，避免产生不必要的眩光。

图5-5：渲染照明气氛时，需要合理使用亮度分布之间的变化，把握好亮度对比的度。

图5-4 合适的亮度分布变化

图5-5 合适的亮度对比度

表5-3　办公空间亮度比推荐值

所处场合情况	对比元素	亮度比推荐值
工作对象与周围界面	书面：桌面	3：1
工作对象与建筑室内	书面：地面或墙面	5：1
工作对象与灯具或窗	书面：灯具或窗	1：10
工作对象与日光直射	书面：日光直射	1：30

5.1.3　办公空间照明节能设计

现在办公空间照明设计还是倡导以自然采光为主，人工照明为辅的照明方式。所选择的照明设备除了满足基本的照度要求外，还要提高用电效率，达到节省电能的目的（图5-6），这也是未来办公空间照明设计环保发展的必经之路。

在进行办公空间的照明设计时，还可以从以下几个方面入手。

1. 充分利用天然光照

在室内光照充足时，应关掉部分或全部照明灯具，充分利用自然光。在经济条件允许的情况下，可以加装各种导光装置，将天然光导入室内，从而达到节能的目的。例如，墙面涂白，白色墙面的反射率最高可达75%～80%，节能效果显著（图5-7）。

图5-6　利用大面积采光窗引入自然光

图5-7　浅色家具与墙面反光

图5-6：要提高光的利用率，可以充分利用室内受光面的反射性。如果开窗面积大且采光较好，室内地面、墙面、家具可以选用中性色或弱反射灰色，降低自然光的强反射。

图5-7：如果开窗面积小且采光较差，可以选用光洁的浅色家具和墙面，并辅助室内灯光照明。

– 补充要点 –

自然界的光照

自然界一昼夜24h为一个光照周期，有光照的时间称为明期，没有光照的时间称为暗期，自然光照一般是以日照时间来计算光照时间（明期）的。

在进行照明设计时，所采用的人工光照明中，将灯光照射的时间称为光照时间，为期24h的光照周期为自然光照周期；长于或短于24h的称为非自然光照周期；如果在24h内只有一个明期和一个暗期，则将其称为单期光照；在24h内出现两个或两个以上的明期或暗期，则将其称为间歇光照，而一个光照周期内明期的总和即是我们所说的光照时间，在进行简化照度计算时要考虑到这点。

此外，不同季节所呈现的照度也会有所变化，例如，夏季在阳光直接照射下，照度可达60 000～100 000lx，没有太阳的室外照度可达到2000～10 000lx。

2. 选择合适的光源和灯具

办公空间内应尽可能减少使用白炽灯，对于有特殊要求的场所还是可以选用的。如在照明时间要求较短的场所、瞬时启动和连续调光的场所、防止电磁干扰要求严格的场所（图5-8、图5-9）。

3. 选择合理的照明控制方式

照明灯具的控制应采用多种科学合理的分配形式，来提高供电系统的节能效率。公共建筑和工业建筑的照明，宜采用智能集中控制，并按建筑使用条件和天然采光状况采取分区、分组控制，照明开关控制可用：

（1）多头组合控制。每个照明开关所控光源不宜太多，多头组合装饰灯可设置一个开关集中控制。

（2）单头控制。单头灯每个灯设置一个开关，可用于面积较小的空间或是不常用的灯具。

图5-8：LED灯结构简单、光效高、发光柔和、寿命长，适用于常开、不频繁启动的办公照明，它是应用广泛的光源，也是办公空间首选的高效节能光源。

图5-9：白炽灯耗电量大、光效低。但是白炽灯的显色性和色谱是目前其他光源无法替代的，比如在摄影棚、服装展示、色彩评估等要求色准、怕偏色的办公场地普遍采用白炽灯。

图5-8　LED灯

图5-9　白炽灯

5.2　照明量化计算

通过计算能得出办公空间中的灯具选用功率和数量，合理分配照明采光资源，降低能耗，提高办公空间的照明视觉效果。

5.2.1　照度值计算

照度会受到照明灯具设计、光通量、安装高度、房间大小和反射率等影响。其中比较重要的因素为灯具的光通量，这个数据会标识在灯具的产品标签上，选购不同灯具应当仔细查看这些数据。下面介绍照度的基本计算方法。

照度的计算方法：

照度（lx）= 光通量（lm）÷ 面积（m^2）

在进行照明设计时，可以较多地采用调光装

* 根据GB 3101-1993《有关量、单位和符号的一般原则》系数与因数的区别：系数是带单位的，因数是没有单位的。

置或运用多种组合照明方式来达到不同的照度效果。灯具设计应当多元化，以多功能会议室为例，顶部主照明灯具至少应设计三种不同的形式，如发光灯片、筒灯、灯带等，这些灯具产生的照度值应当独立计算，彼此之间不宜相差太大，不宜超过2倍，否则就会表现出某些灯具为照明重点，局部墙面、地面照度值过高，影响参会人员的注意力（图5-10）。

5.2.2 利用因数法计算照度

照度可以通过利用因数计算方法来计算，利用因数它是指投射到工作面或其他规定的参考平面上的光通量与灯具额定光通量和之间的比例。

利用因数的计算方法：

平均照度（lx）= 单个灯具光通量（lm）× 灯具数量（个）× 利用因数 × 维护因数 ÷ 地板面积（m^2）

这种方法适用于面积较大、内空较高的办公空间照明计算，式中：

单个灯具光通量——符号用Φ，指的是这个灯具内所含光源的裸光源总光通量值。

利用因数——符号用C_U，是指从照明灯具放射出来的光束有百分之多少到达地面和作业台面，所以与照明灯具的设计、安装高度、室内面积、反射率相关。例如，大型会议室的利用因数为0.6，常规办公区的利用因数为0.8，实验室或员工办公区的利用因数为0.9（图5-11）。

维护因数——符号用K，主要受到空间清洁程度、灯具使用时间等因素影响。较清洁的场所，如办公室、会议室、阅读室、展厅等空间维护因数适宜取0.9；门厅、走道维护因数适宜取0.8；机械加工车间、装配室等场所维护因数则适宜取0.7；污染指数较大的场所维护因数适宜取0.6。

根据灯具在不同空间的利用因数（C_U），可以计算出照度值与所需灯具的数量，但要注意所有的数值并不是一成不变的，这些空间利用因数（C_U）可能会随着装饰材料的变化而变化。

（a）大会议室照度变化

（b）小会议区照度变化

图5-10 照度值的选择

图5-10（a）：即使在同一空间，由于场景的需求不同，照度值也会有所不同。大会议室在满员开会时，全部灯光打开，按最大照度计算。当用于播放影片视频时，仅开启周边走道顶面的筒灯，需要额外计算照度。

图5-10（b）：不同的自然光环境下所呈现的照度值也是不一样的，昼夜变化以及晴阴变化都会对照度值有所影响。由于侧面墙开窗面积大，因此顶面照明灯具可以适当减少，但是照度值要精确计算，保证天阴时节或夜间办公的照明需要。

图5-11（a）：利用因数（C_U）的数值变化与灯具的悬挂高度有关，一般灯具悬挂高度越高，反射的光通量就越多，利用因数（C_U）也就越大。

图5-11（b）：利用因数（C_U）的数值变化还与空间的面积及形状有关，空间的面积越大，越接近于正方形，则直射光通量就越多，利用因数（C_U）也就越大。

（a）灯具反射光通量与悬挂高度有关

（b）光通量与空间面积有关

图5-11　灯具光通量

图5-12（a）：设计所选用的墙面、顶棚材料在符合风格的前提下，尽量选择色泽较浅、表面质地较光滑的材料，这样也能更便于照明设计。

图5-12（b）：灯具在使用期间，光源本身的光效会逐渐降低，灯具会陈旧脏污，被照场所的墙壁和顶棚会有污损，工作面上的光通量也会因此有所减少，设计必须要考虑这一点。

（a）利用因数与墙面、顶棚材料有关

（b）利用因数与灯具洁净度有关

图5-12　利用因数的影响因素

此外，维护因数（k）和利用因数（C_U）与墙壁、顶棚、地板的颜色和洁净情况也有关系，墙壁、顶棚等颜色越浅，表面越洁净，反射的光通量越多，利用因数（C_U）与维护因数（k）也就越大。灯具的型号、光效和配光曲线也会对利用因数（C_U）产生影响，因此最好选用优质、高档的品牌灯具（图5-12）。

利用因数（C_U）的选择还与空间特征因数（C_T）有关，办公空间特征因数主要包括：室内空间特征因数（C_{TR}）、顶棚空间特征因数（C_{TC}）、地板空间特征因数（C_{TF}）。

一般将空间的横截面分为三个部分：从灯具出口平面到顶棚之间的区域称为顶棚空间；从灯具出口平面到工作面之间的区域为室内空间；从工作面到地面的区域称为地板空间；这三个空间的空间特征因数计算方法：

室内空间特征因数：$C_{TR}=\{5\times h_{rc}\times(L+W)\}\div(L\times W)$

顶棚空间特征因数：$C_{TC}=\{5\times h_{cc}\times(L+W)\}\div(L\times W)=(h_{cc}\div h_{rc})\times C_{TR}$

地板空间特征因数：$C_{TF}=\{5\times h_{fc}\times(L+W)\}\div(L\times W)=(h_{fc}\div h_{rc})\times C_{TR}$

式中：

h_{rc}指室内空间的高度，h_{cc}指顶棚空间的高度，h_{fc}指地板空间的高度，L指整个房间的长度，W指整个房间的宽度，单位均为m。

从这三个公式不难看出这三个空间彼此间关系密切，其空间特征因数的计算方式也相互关联（图5-13）。

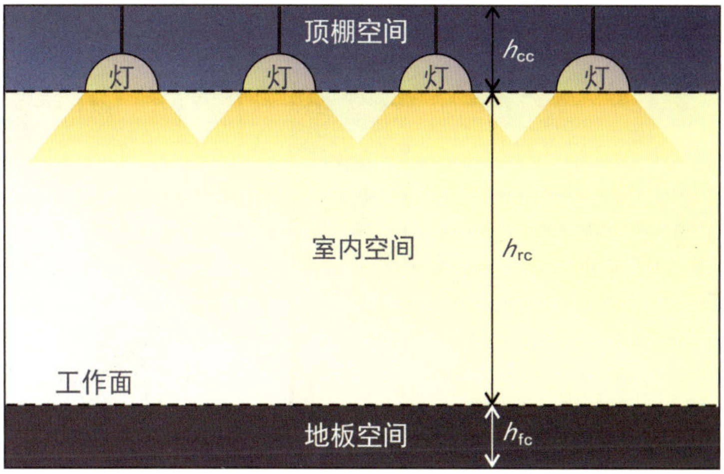

图5-13 不同区域的反射比不同

图5-13：图中清晰标明了顶棚空间、室内空间、地板空间的划分区域，灯具在这些区域有不同的反射比，相应的利用因数也会有所不同。在进行照明设计时，首先要明确照射空间的具体空间特征因数值，对于每个空间的照射高度也要有明确的标准值。

5.3 照明布局方式与形式

在办公空间照明设计中，强调采光与照明不仅能够满足视觉功能上的需要，还能使环境空间具有相应的气氛与意境，增加了环境的舒适度，选择不同的照明方式，能制造不同的视觉效果。

5.3.1 办公照明方式

光在空间的分布情况会直接影响到光环境的组成与质量。根据不同需要来改变光的发射方向和性能，增强办公环境的艺术效果。在常见办公空间中，按灯具的散光方式分为以下几种照明方式。

1. 直接照明

光线通过灯具射出，其中90%～100%的光到达照射面上，这种照明方式为直接照明，如射灯、筒灯、吸顶灯、带镜面反射罩的集中照明灯具等（图5-14）。

2. 半直接照明

半直接照明是将半透明材料制成的灯罩罩在光源上部，60%～90%的光集中射向照射面，10%～40%的光经半透明灯罩扩散而向上漫射，其光线比较柔和。漫射光线由于能照亮平顶，使办公空间的顶部视觉高度增加，因而能产生较高的空间感（图5-15）。

3. 间接照明

间接照明是将光源遮蔽而产生间接光的照明方式，90%～100%的光通过顶面反射，10%以下的光则直接照向照射面，光照较弱（图5-16）。

4. 半间接照明

半间接照明与半直接照明相反，它将半透明的灯罩装在光源下部（图5-17）。

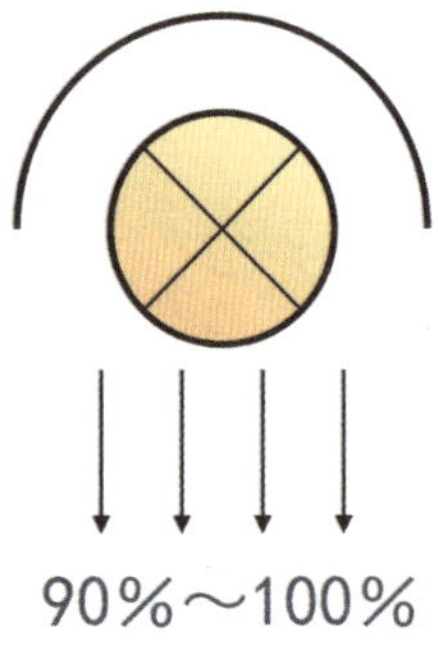

（a）直接照明

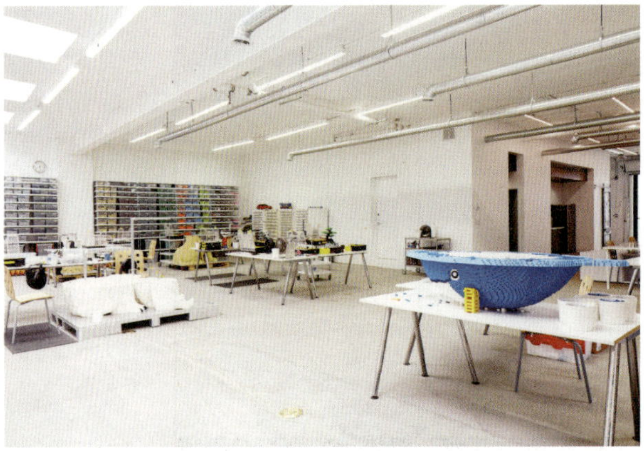

（b）直接照明大空间应用

（c）直接照明小空间应用

图5-14　办公直接照明设计

图5-14（a）：直接照明能造成强烈的明暗对比和有趣生动的光影效果，可以突出工作面在整个环境中的主导地位，但是由于亮度较高，应防止眩光的产生。

图5-14（b）：较大的办公空间，在照明设计中可采用投射性能较好的筒灯、射灯、吊灯对空间进行直接照明，从而达到较好的照明效果。

图5-14（c）：小型办公空间中直接照明可采用艺术性吊灯向下照明。

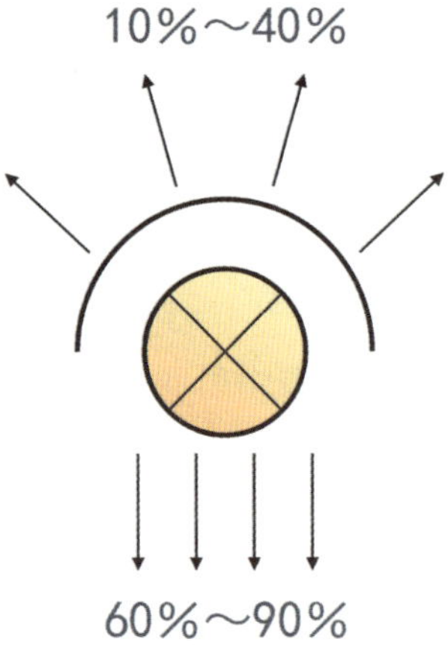

（a）半直接照明

（b）带镂空灯罩设计的吊灯

（c）光源上部带灯罩设计的吊灯

图5-15　办公空间半直接照明设计

图5-15（a）：光源多数集中射向照射面，少部分被罩光源又经半透明灯罩扩散而向上漫射因而光线较柔和，常用于净空较低的房间。

图5-15（b）：这种照明对灯罩的材质有严格的限定，多选用较厚的PVC材料制作灯罩，既有一定透光性，又能将光源集中向下照明。

图5-15（c）：如果灯罩材质不尽如人意，还可以通过局部吊顶来强化反光效果。

（a）间接照明　（b）光源下部带不透明灯罩设计的照明　（c）灯槽线条灯

图5-16　办公空间间接照明设计

图5-16（a）：间接照明设计具有较强的装饰效果，照明的整体性较好，灯具造型变化大。

图5-16（b）：灯罩多采用不透光或弱透光材质。在灯具上部要预留出灯光照射的面域，这样才能将光线通过顶面反射下来。

图5-16（c）：灯槽线条灯是将灯具设在灯槽内，光线经平顶反射到室内成间接光线，可根据办公空间的需求进行灯带造型设计。

（a）半间接照明　（b）半间接照明楼梯应用　（c）半间接照明休闲会议室应用

图5-17　办公空间半间接照明设计

图5-17（a）：这种方式能产生比较特殊的照明效果，使较低矮的房间有增高的感觉，也适用于小空间，如门厅、过道、休闲会议室等。

图5-17（b）：半间接照明设计提供由上至下的光线，在楼梯间区域形成良好的环境光，柔化办公空间的区域阴影，减少反射性眩光。

图5-17（c）：在会议区运用半间接照明设计可以强调桌面、物体，满足会议区对桌面照明的需求，易使空间营造视觉兴奋点。

5. 漫射照明

漫射照明是利用灯具的折射功能来控制眩光，40%～60%的光直接投射在被照明物体上，其余的光经漫射后再照射到物体上，光线向四周扩散漫散，这种光源光线分配均匀柔和（图5-18）。

直接照明与半直接照明都属于直接照明，用于对采光强度要求较高的空间，灯具造型相对简单。间接照明、半间接照明和漫射照明都属于间接照

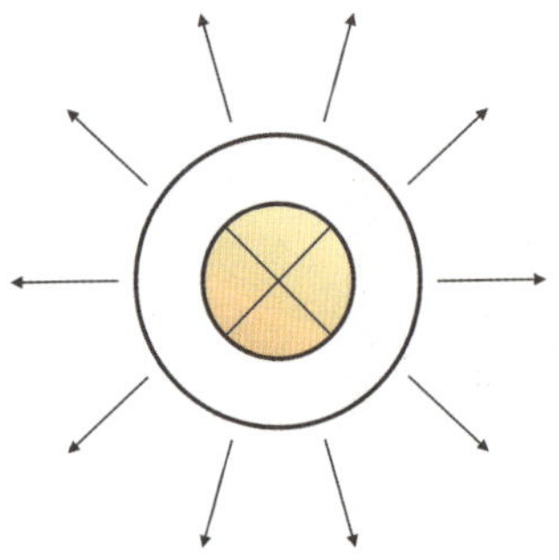

（a）漫射照明

（b）漫射照明走道应用

（c）漫射照明楼梯应用

图5-18　办公空间漫射照明设计

图5-18（a）：照明效果较弱，具有较强的装饰效果，照明的整体性较好。

图5-18（b）：走道漫反射的应用主要是光源从灯罩射出经平顶反射，两侧从半透明灯罩扩散，下部从格栅扩散。

图5-18（c）：用半透明灯罩将光源全部封闭而产生漫射，这类照明光线柔和，视觉舒适。

明，适用于采光要求多样性、丰富性的空间。在办公空间照明设计中，直接照明约占30%，间接照明约占70%。目前，更多办公空间环境会采用间接照明形式，或以间接照明为主导的综合照明形式。

5.3.2　办公空间照明布局

办公空间可选择基础照明、重点照明、装饰照明相结合的方式。注意不可将灯具布置于工作位置的正前方，以免产生阴影和眩光，影响工作。

1. 基础照明

基础照明是指大空间内的全面照明（图5-19）。

2. 重点照明

重点照明是指对特定区域和对象进行的照明，重点照明的亮度是根据物体种类、形状、大小、展示方式等确定的（图5-20）。在办公桌上增加台灯能增强工作面照度，相对减少非办公区的照明，达到节能目的。

图5-19　基础照明

图5-20　重点照明

图5-19：这种照明形式照度均匀、一致，任何地方的光线都充足，缺点是耗电量较大，使用时经济负担增大。

图5-20：对管理层办公室的陈设品进行重点投光，能吸引人们的注意力。

– 补充要点 –

避免眩光，创造舒适的工作环境

眩光是指人的视野内出现过高或过大亮度对比，造成的视觉不适或视力减低的现象。眩光包括直接眩光和反射眩光，直接眩光是指裸露光源或自然光直射人眼，导致引起视觉不舒适和降低物体可见度的视觉条件；反射眩光则是指通过显示器、桌面、窗户玻璃等反射材料，不舒适光线间接反射到人眼引起的眩光。直接眩光可以从光源的亮度、背景亮度与灯具安装位置等因素来进行避免；反射眩光可选择发光表面面积大、亮度低的灯具来有效避免。

当出现灯具的安装位置不合适，或灯具表面亮度过高等情况时，不可避免会产生眩光现象，对使用者的眼部造成刺激，从而影响整个办公空间的使用和舒适性。限制或避免眩光产生的方式有很多种（表5-4）。

表5-4　　避免产生眩光的基本方式

序号	避免眩光的方式
1	对于使用者可能会直视的灯具，降低灯具发光表面的亮度，如选择半透明亚光材料的灯罩，灯罩处于发光体下部
2	选择具有一定视线保护角的灯具，灯具发光具有指向性，不将主要灯光直接投射到办公空间地面中央
3	采用格栅、建筑构件等进行视角设计，对光源进行遮挡
4	降低反射眩光，应尽量避免较大的照度差异，如玻璃展柜外光线较强，玻璃柜内也要补光，弥补内外照度的差异，否则极易产生反射眩光
5	适当限定灯具的最低悬挂高度，通常灯具安装得越高，产生眩光的可能性就会越小
6	减少不合理的亮度分布，如顶棚采用较高反射率的饰面材料，在同样照度下，可以有效地提高其亮度，避免产生眩光

3. 装饰照明

装饰照明是为创造视觉上的美感而采取的特殊照明形式（图5-21）。

（a）强调被照物的效果

（b）营造办公环境氛围

图5-21　装饰照明

图5-21（a）：加强某一被照物的效果，以增强空间的层次感及营造环境氛围。

图5-21（b）：办公展示区在吊顶上运用隐藏式灯带进行装饰照明，引导客户步入办公区，营造公司工作氛围以及企业形象。

5.4 办公照明区域设计

照明随处可见，它兼具点亮城市与美化环境的责任。同时，照明拥有着灵活且极具趣味的设计元素，百变的灯光赋予了建筑更强的观赏性与功能性。它既能为建筑空间增添浓厚的氛围感，同时也能加强建筑空间现有装潢的层次感。良好的办公照明不仅要有明亮的照度，还应满足在工作中产生的各种需求。

办公空间的功能分区应根据办公机构性质和工作特点来考虑，不同功能区域，照明的设计是不同的（表5-5）。

表5-5　不同办公功能分区的照明设计

区域	图例	照明设计细节
前台接待区		1. 既是迎宾处，同时也是凸显企业魅力与文化内涵的窗口，照明要求结合企业文化和企业定位来定制照明 2. 整体要求能够具备比较高的亮度，可以选择特色吊灯作为基础照明，用来照亮前台内外环境，还可以利用内部发光灯条对前台的背景形象墙与企业Logo重点照明，以此突出企业形象，展示企业实力
员工办公区		1. 所包含的功能分区较多，照明要求能为日常办公、沟通以及会议等提供适当照度 2. 整体照明应以均匀性和舒适性为设计原则，布灯应统一间距，同时可结合地面功能区选择对应的灯具进行重点部分的重点照明 3. 其工作台照明可采用格栅灯盘，以使工作空间获取均匀的光线，在办公区通道内采用节能筒灯做补充照明
管理层办公室		1. 一般是部门经理使用，主要功能包括日常工作、会客、小型会议，照明应注重功能性，可选择防眩光的筒灯或漫射格栅灯进行主要照明 2. 照明应结合空间装饰来增加室内氛围的营造，同时还可采用合适亮度的射灯来加强墙面的立体照明，营造舒适的办公环境
洽谈室		主要功能为洽谈，照明要求可以营造一种舒适、轻松、友好的气氛，可以选择显色性较好的筒灯，以柔和的亮度为宜，同时要注意对立面企业文化墙或海报做重点照明
会议室		1. 包括培训、会议、谈判、会客、视频展示等主要功能，照明应依据不同的功能需要能够进行灵活的改变 2. 其整体照明要能看清与会者的面部表情，同时应该避免不合适的阴影和明暗对比，可利用射灯对墙立面进行洗墙照明 3. 小型会议室照明要结合空间结构来设计，可使用壁灯或射灯做间接照明，同时会议室照明还需考虑会议桌上方的照明，可选择亮度适宜的悬挂型吊灯做主要照明

续表

区域	图例	照明设计细节
通道		作为连接各个部门的公共区域，在设计照明时要充分结合通道顶棚的结构和高度，可选择隐藏式灯具照明或节能筒灯照明

– 补充要点 –

照明灯具最佳悬挂高度

工作场所的照明，应该保证足够的亮度。悬挂照明灯具也应遵守相应的高度规定，并不得任意挪动，一般照明需保证最低悬挂高度（表5-6）。

表5-6　一般照明的最低悬挂高度

照明器形式	漫射罩	灯泡	保护角	最低悬挂高度/m			
				灯泡功率/W			
				≤100	150~200	300~500	≥500
带反射罩的集照型灯具	无	透明	10°~30°	2.5	3.0	3.5	4.0
			>30°	2.0	2.5	3.0	3.5
		磨砂	10°~90°	2.0	2.5	3.0	3.5
	在0°~90°区域内为磨砂玻璃	任意	<20°	2.5	3.0	3.5	4.0
			>20°	2.0	2.5	3.0	3.5
	在0°~90°区域内为乳白玻璃	任意	≤20°	2.0	2.5	3.0	3.5
			>20°	2.0	2.0	2.5	3.0
带反射罩的泛照型灯具	无	透明	任意	4.0	4.5	5.0	6.0
	在0°~90°区域内为乳白玻璃	任意	任意	2.0	2.5	3.0	3.5
带漫射罩的灯具	在40°~90°区域内为乳白玻璃	透明	任意	2.5	3.0	3.5	4.0
	在60°~90°区域内为乳白玻璃	任意	任意	3.0	3.0	3.5	4.0
裸灯	在0°~90°区域内为磨砂玻璃	任意	任意	3.0	3.5	4.0	4.5
	无	磨砂	任意	3.5	4.0	4.5	6.0

本项目小结

本项目阐述了办公空间照明的基本原理，并介绍了照明的基础知识，从照明量化计算、照射方式以及照度要求等方面分析了照明设计要素。随着照明科技及其运用技术的发展，照明设计成为办公空间个性环境营造的重要方式与手段。通过灯光照明设计，使办公空间满足人们的办公需求，创造形式美观、功能适用、环保的办公空间，提高人们的工作效率。

课后练习

1. 解释办公空间与光的关系。

2. 在办公空间中，不同功能空间的照度值分别是多少?

3. 在照明设计中，平均照度是如何进行计算的?

4. 解释办公空间照明质量与哪些因素有关。

5. 分析并解释半间接照明与半直接照明之间有什么区别。

6. 选择面积150~200m^2的办公空间，进行平面布置和灯光布置，并使用照度计算方法计算出其空间所需照度。作业数量：将收集的资料汇总到PPT中，上课进行展示分享。建议完成课时：5课时。

7. 选择参观当地学校或社区党建办公室，观察其内部灯光布置，思考其中主要使用了哪些灯具，并采用了什么类型的照明方式。

项目6

办公空间类型与布局

学习目标：了解办公空间功能分区要求，熟知接待室、会议室、经理室、员工办公区、财务室、机房等区域设计原则

重点概念：功能、布局、区域、类型、分布

本项目学习内容

办公空间的功能划分要求明确合理，以提高空间的使用效率。办公空间按照办公活动与功能需求，可以明确划分为前台接待区、员工办公区、管理层办公区、会议室等（图6-1）。

图6-1：如果会议室与办公区没有明确的划分，会使办公环境嘈杂、纷乱，相互影响。因此，根据功能需求进行空间划分是办公空间设计的关键。

图6-1　办公区设计

6.1　办公空间功能类型

办公空间一方面要提高工作效率，另一方面还需要塑造企业形象。优秀的办公空间设计应该具有使用与艺术的双重功能。办公空间设计的平面布局从功能类型入手更容易把握整个方案设计的合理性。平面布局方案就是按照典型的功能关系进行平面分区布置。前台接待区连接着员工办公区，管理层办公室在员工办公区的边缘，会议室、洽谈室、设备间等独立围合。这一切以建立合理科学的工作秩序为目标。

6.1.1 办公空间分区安排

办公空间功能类型分布，一定要符合工作使用需求（图6-2）。

将这些区域划分完毕后，再逐一进行细化设计，布置家具、绿化、陈设等。

1. 前台接待区

前台区处于整个办公空间最前端，是给客户第一印象的地方。前台区的设计除了需要在空间视觉上加强形式感外，在整体空间面积分配上也要精心考虑。在平面布局时，往往要过多压缩前台接待区的面积（图6-3）。

2. 员工办公区

员工办公区在平面布局时所分配的空间最大，也是整个办公空间构成的主体。在实际设计中，员工办公区是各个办公部门的统称，其主要设计工作是合理地规划各个部门办公空间的位置、面积。办公区的面积和位置必须根据部门人数和工作需要，并且参考建筑结构设定。有创作绘画功能的办公区需要搭配大容量文件柜，桌面清空电脑设备后能进行大幅面图纸创作（图6-4）。

对于开敞式办公区而言，办公桌组合需要更有新意，才能体现出企业的文化与品位。将办公桌以横竖形式组合，将空间利用最大化。办公区的布局

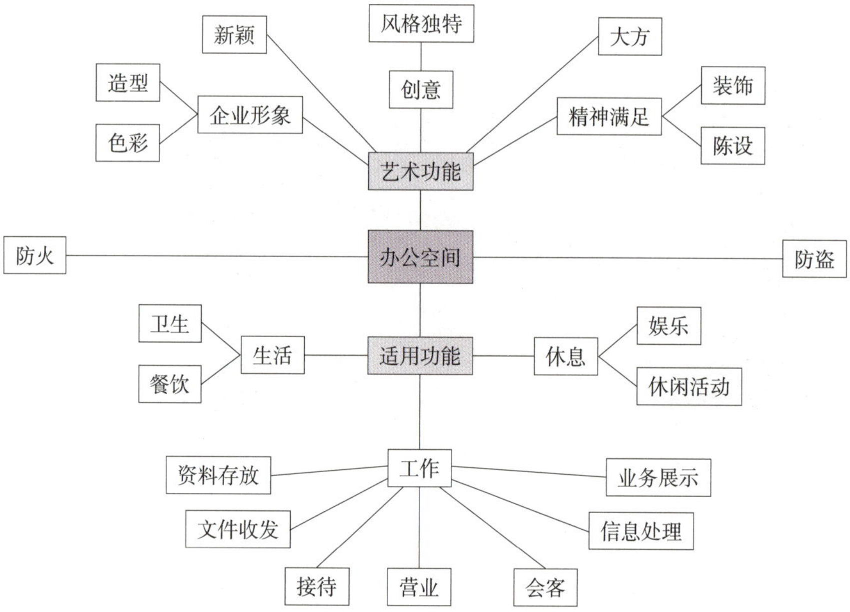

图6-2　办公空间设计的功能分析

图6-3　前台接待区

图6-4　常规办公区

图6-2：常见的办公空间主要包括以下功能分区：前台接待区、员工办公区、管理层办公室、会议室、洽谈室、茶水间、卫生间、设备间等。

图6-3：前台接待区面积要适度，过大会浪费空间，过小则影响企业形象。在面积允许的情况下，可以设置少量绿化装饰小景或装饰品陈列区。

图6-4：由于办公流程的不同，部门之间的联系紧密程度也不一样；根据其相互联系的紧密程度，合理安排、划分各部门的位置，有助于提高实际办公效率。

形式主要在于办公桌的组合形式。通常工作室的办公桌多为横竖向摆设，特殊情况空间面积较大时，可以考虑斜向排列等多种方式。

3. 管理层办公室

管理层办公室多采用单独房间，并紧靠所管辖的部门员工，但是有时也为便于互相间的信息交流、沟通而安排在开敞式办公区域的一角，通过隔断将空间区域间隔开。一般在整体空间划分时占据较好的位置，包括面积、采光、私密性等（图6-5）。

4. 洽谈室

洽谈室也称接待区，主要用于待客与洽谈，也是产品展示和宣传企业形象的空间。该区域面积一般在十几至几十平方米之间，接待室根据要求还需预留陈列柜、摆设镜框以及宣传品的位置（图6-6）。

5. 会议室

会议室和洽谈室都是用于集体商谈、讨论工作的空间。如果整体办公空间面积不足，可以将这两个功能空间合并成一个空间使用（图6-7）。

6. 辅助功能区

办公环境中的辅助功能区包括餐饮间、电话间、冥想室、资料室、设备室、更衣室等。适当的辅助功能区设计不仅不会影响办公者的工作效率，如健身房的设置，反而能激增办公者对企业的归属感。长期从事办公室工作的人员，长期久坐缺乏运动，在办公空间中设置一处乒乓球室，提高员工的运动积极性有利于员工的身体健康。

图6-5 管理层办公室设计

图6-5：多采用单独式房间，通过隔断将空间区域间隔开，保证管理层办公的私密性、独立性。管理层办公椅后面可以设装饰柜或文件柜，也可以适当增设带沙发、茶几的会客区和休息区。

（a）封闭式接待区

（b）开放式接待区

（c）半开放式接待区

图6-6 洽谈室设计

图6-6（a）：洽谈室区域面积不宜过大，适合选用沙发和茶几组合或者桌椅组合，必要时两者可同用，且必须分布合理。

图6-6（b）：开放式接待区可利用地面材质拼贴以及天花造型划分接待区与其他区域，空间内摆放公司标志物、绿色植物，以烘托室内气氛。

图6-6（c）：半开放式接待区与办公区距离较近，来访者可在接待区观察到公司的工作氛围以及模式，从而进一步了解公司。

图6-7（a）：会议室一方面要充分考虑会议室的形式、会议的规模、办公者人数以及实际应用需求；另一方面考虑该空间的应用状态与方式。围合式会议室容易营造严肃、专业的企业形象。

图6-7（b）：阵列式会议室适用于大型论坛、研讨会、演讲、新闻发布会等活动，适宜于参会者作为听众，无需书写的情形。

（a）围合式会议室

（b）阵列式会议室

图6-7　会议室设计

- 补充要点 -

办公空间的设计要点

1. 平面布局。应考虑家具和设备的尺寸、排列组合方式，办公者使用家具、设备的必要活动空间尺度，以及房间出入口至工作位置等。

2. 平面办公位置。可按功能需要进行整体统一安排，也可组团分区布置，通常5～7人为一组，根据实际需要安排，组团之间可联系，但要减少过多的穿插，避免干扰工作。

3. 人均占地面积。据办公楼等级标准的高低，办公者常用的面积定额为每人3.5～6.5m^2，依据上述定额可以在已有办公空间内确定工作位置的数量，但不包括过道面积。

4. 办公空间采光。从节能和有利于心理健康角度考虑，办公空间应具有天然采光，达到采光等级Ⅳ级，采光系数平均值要求的侧窗窗地面积比应不小于1∶6（侧窗洞口面积与室内地面面积比）。

5. 办公空间高度。综合各方面考虑，办公空间净高应不低于2.8m，空调设置应不低于2.6m。

6.1.2　业务性质分类

办公空间包含的内容十分丰富，不仅包括独立办公空间，还包括从事商业、服务业等活动的办公空间，与党政机关从事行政事务的办公空间。因此，设计中需要考虑多方面复杂的因素。

1. 商业办公空间

商业办公空间包括商业企业和服务业企业的办公空间，有明确的营利性质，在配套设施上非常齐全，如引导显示屏、书写台、文具、档口分隔隔断等（图6-8）。

2. 行政办公空间

行政办公空间包括党政机关、人民团体、工矿企业、事业单位的办公空间。空间分隔成小单元模块化，一个独立的办公区通常放置4～6人办公位，形成协作团组（图6-9）。

3. 专业办公空间

专业办公空间是指各专业企业所使用的办公空间，其属性可能是商业企业或者行政单位，如科研部门、设计机构以及金融、贸易、保险等行业的办

图6-8　银行窗口

图6-9　企业办公室

图6-8：这种类型的办公空间较讲究，且注重形象的塑造，其经营要给顾客信心，设计风格往往带有行业窗口性质。

图6-9：这种类型的办公空间具有一定的时代感，设计风格多以朴实、经济实用为主。企业部门多，分工具体，形象稳重、严肃。

公空间。

4. 综合办公空间

综合办公空间包含旅游业、服务业、工商业等，其设计与其他办公空间相同。目前，随着社会的不断发展和各行业分工的进一步细化，各种新概念的办公空间还会不断地涌现。

6.2　办公空间布局

方案设计之初，对办公类型和文化要有深入的了解，以便在办公空间布局中反映出该空间风格与特征。

6.2.1　办公空间布局形式

室内办公、公共服务、附属设施等各类用房之间的面积分配比例，房间的大小、数量等均应根据办公楼的使用性质、建设规模和相应标准来确定。充分了解各部门的设置与相互之间功能的联系。

1. 单间式办公空间

单间式办公空间是以部门为单元，安排在不同大小和形状的室内空间中，如政府机构的办公空间。但当工作人员较多和分隔较多时，间隔材料占用空间面积较大，且需现场装修，不易拆卸和搬运。单间式办公空间可根据需要使用不同的间隔材料。其按间隔方式可划分为透明式、封闭式、半透明式等形式。单间会议室内的灯光、空调等电路系统要求能独立控制，在不使用的情况下，可随意单独开关，节约能源。灯光应当分级设计，不同灯具能单独控制开关（图6-10）。

2. 单元型办公空间

单元型办公空间既能充分利用各项公共服务设施，又具有相对独立性，因此多用于企业办公或共享办公（图6-11）。

3. 公寓型办公空间

以公寓型办公空间为主体组合的办公楼，也称办公公寓楼或商住楼，为企业办公者提供办公、居住双重功能，也为企业带来了方便。

图6-10（a）：单间式办公空间分别安排在不同大小和形状的房间之中，其各个空间之间相互独立，相互干扰较小，要求整体办公面积比较充裕。

图6-10（b）：透明式办公空间除了采光较好外，还便于领导和各部门之间相互监督及协作，也可通过加窗帘等方式改为封闭式。半透明式办公空间能起到一定的震慑、监管的作用。

（a） 相互独立的各个房间

（b）透明式或封闭式办公空间

图6-10 单间式办公空间

图6-11（a）：除影印、资料展示等公共服务分区外，其他的空间具有相对独立的办公功能；根据功能需要和建筑设施的情况，通常其内部空间可以分为接待会客、办公区、会议等空间。

图6-11（b）：共享区一般可满足单元型空间中员工进行小组开会、休憩等，满足员工除工作之外的活动空间需求。

（a）独立办公区

（b）共享区

图6-11 单元型办公空间

－补充要点－

联合办公与居家SOHO办公

1. 联合办公也被称为“共享办公”，是一种为降低办公室租赁成本而进行共享办公空间的办公模式。共享办公正在变成现代企业为员工提供优秀工作场所的最佳选择（图6-12）。联合办公空间内有独立的办公空间、公共的茶水间、公共的打印区、公共的设备室等各种空间。

2. SOHO办公意为家居办公模式，也是近年来比较流行的一种办公形式。现今经济快速发展，交通拥堵、上班压力大、工作不自由等一系列因素，使得不少人更倾向于家居办公的形式，即办公者在家办公。当然，由于办公形式上的空间变得更大，办公者受约束比较少，因此要求其能有很强的自制能力。对于办公者来讲，往往更加看重SOHO办公环境的足够舒适与无限自由，使其有一个理想的工作状态（图6-13）。

（a）单元共享办公区

（b）休息会客区

图6-12　联合办公空间

图6-12（a）：共享办公环境允许一群来自不同团队、不同部门的人在同一个办公空间中共同工作，办公者可与其他团队分享知识、信息、技能以及拓宽社交圈子等。单元共享办公区中为一个独立的企业，空间被玻璃隔断或隔墙围合起来，内部还可以继续设计虚拟分隔，但是主要功能区能满足正常办公使用。

图6-12（b）：在单元共享办公区以外的空间主要为走道和休息会客区，各个单位、企业的员工都能在这些区域活动。同时访客也是在这个空间与各企业的员工交流。根据需要，联合办公空间还会配套共享会议室、健身房、餐厅等空间，供有偿租赁使用。

（a）书房办公

（b）阳台办公

（c）餐厅办公

图6-13　SOHO办公空间

图6-13（a）：SOHO办公空间中有着浓浓的居家性，对于工作、休闲、社交等方面要求交融，使得居住空间不再是按照普通意义上的功能被硬性划分，SOHO办公家具则更注重细致与简化。

图6-13（b）：选择阳台区域进行办公，员工在工作之余可随时眺望远方，缓解工作疲劳。

图6-13（c）：SOHO在工作场地上没有强制要求，可根据自己的工作状态进行选择。在餐厅办公，一边品尝美食一边工作，让工作者的心情更加愉悦。

4．开敞式办公空间

开敞式办公空间是将若干个部门置于一个大空间中，并且每个工作台又用矮挡板分隔，便于员工联系，又可以避免相互干扰。高层领导办公室、会议室、洽谈室等对私密性有要求的部分办公区域，通常采用全封闭或者半封闭的形式，在保证一定私密性的同时，又与大空间保持联系（图6-14）。

5．景观办公室

1960年，德国一家出版公司创建了“景观办公空间”，当时在国外备受推崇。现代景观办公空间注重人性化设计，倡导环保设计观。旨在创造出一种非理性的、自然而然的，具有宽容、自在心态的空间形式，即人性化空间环境。这种方式通常采用不规则的桌子摆放方式。因条件限制，只是利用绿色植物并结合园林设计的手法，组织、完善、美化室内空间，也不失为一种时尚的设计风格（图6-15）。

6.2.2 办公空间布局原则

办公空间的功能分区重点在于面积的分配与位置的选择，需要设计师把握以下设计原则。

1．合理的空间尺度分布

功能分区设计受建筑空间的影响较大，在有限的建筑空间围合内，合理分布空间必须具备较好的尺度观念。

例如，一间90m^{2}的办公间，预留通道0.6～1.2m，可容纳13～20张办

图6-14 开敞式办公空间

图6-15 景观办公空间

图6-14：由于工作台的集中处理，节省了不少隔墙和通道占用的空间，避免了空间的浪费。

图6-15：室内色彩常以和谐、淡雅为主，并用盆栽植物、低矮的屏风、矮柜等进行空间分隔。在景观办公空间设计中，生态意识应贯穿始终。

公桌，并且每项数据都能符合人机参考尺度要求，其布局方式可以有多种，内部尺度的选择也诸多。

对于空间尺度的把握，关键还是在于建立科学的尺度观，即实验的尺度观。针对不同的设计对象，设计师要具备一定的尺度实验意识，将现有的人机数据作为辅助参考（图6-16）。

2. 合理的秩序化设计

秩序化是平面布局的设计原则之一。通过合理的秩序化设计带来便捷有序的使用空间，从而提高工作效率（图6-17）。在设计好的办公空间布局中，可以模拟管理人员或员工进行正常的工作、行动，从中找出设计的不足并进行修改。

（a）紧凑空间

（b）宽松空间

图6-16　尺度实验

图6-16（a）：对不同的设计对象，设计师要将现有的人机数据作为辅助参考，还可以通过代人实验、对比实验，帮助自己找到最为合理的尺度组合。在紧凑空间中，可以丰富墙面装饰色彩，墙面丰富的造型与色彩能界定空间的主题功能。

图6-16（b）：宽松空间中可以放置运动器材，这样来填充空余面积，同时获得丰富的使用功能。

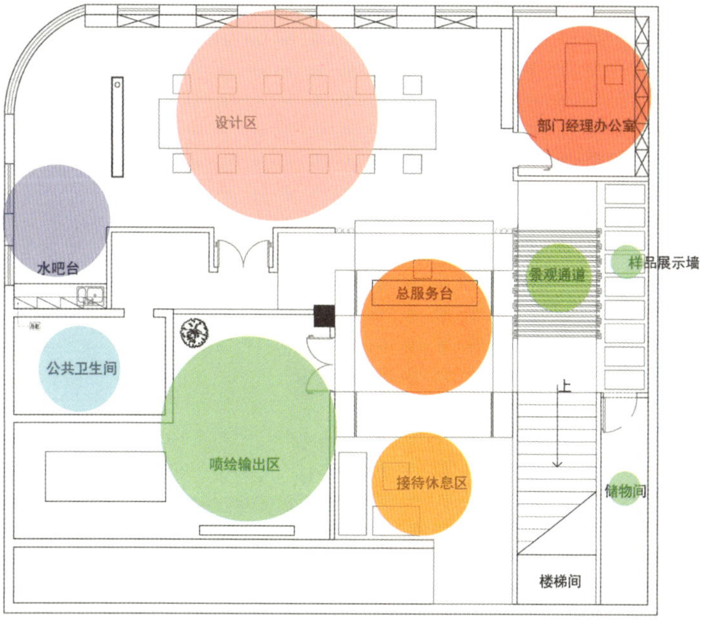

图6-17：要做到空间布局的秩序化，设计师可以通过与客户的沟通，了解设计对象的运行架构，明确各功能空间范围，避免功能区划分混乱不明。可以通过圆形气泡来标明各功能区之间的关系。

图6-17　办公空间中各功能空间范围分布图

本项目小结

改革开放以来，很多设计师对办公空间只是片面地追求商业模式，进行“复制粘贴”，导致办公空间功能没有得到很好的满足。因此，需要用科学的方式处理办公空间设计的具体内容，包括接待室、工作区、管理层办公室、洽谈室、会议室等区域，如门厅在设计时要注意空间面积的控制，另外还具体讲解了接待室座椅的设计与布局，以及接待台的具体设计；还介绍了在进行工作区设计时要依据空间面积来排列办公桌，会议室要根据不同的功能需求来进行具体的设计。

课后练习

1. 如何理解商业空间设计?
2. 解释不同形式的接待室有什么特点。
3. 举例说明接待室内所需要做的工作以及具体设计内容。
4. 详细说明办公室在设计时要注意哪些要素。
5. 解释不同形式的办公区有什么特点。
6. 收集国内外优秀的办公空间设计案例，并分析其空间类型以及布局方式。作业数量：1份。将收集的资料汇总到PPT中，上课进行展示分享。建议完成课时：4课时。
7. 我国在2020年第七十五届联合国大会上提出：“争取在2060年前实现碳中和”。“碳中和”的提出意味着人们环境保护的意识逐步提升，如果将“碳中和”理念应用在办公空间中，可以采用哪些设计方式实现其目标呢?

项目7
办公空间设计案例

学习目标：掌握空间的区域划分原则，对空间的通风、采光、色调、人流路线的规划有所理解，了解企业文化和内部机构设置对办公空间的影响，对办公空间艺术、舒适与环保有所认识

重点概念：空间、色彩、陈设、光影、绿化

本项目学习内容

设计师要考虑来自不同受众群体的需求，从工作人员的角度来看，办公空间要满足合理使用的要求；从管理者的角度来看，希望办公环境能塑造良好的运行秩序；从投资者角度，希望控制造价、降低装修成本，尽可能地物超所值；从施工者角度，希望施工工艺简单。与此同时，装修用材、电器布线要符合消防要求（图7-1）。

图7-1：在办公空间设计中融入生态环保理念，力求人与自然能完美融合，营造出绿色生态环境。注意防火、防盗与其他安全因素，安全出口和消防通道的设置都要符合国家防火规范的要求。

图7-1　办公区设计

7.1　办公实景案例

7.1.1　双层办公空间

主要用材：白色乳胶漆、艺术墙纸、木饰面板、复合木地板。

这套办公设计将材料、质感、色彩、形式以及光与自然等要素汇集一起，着重展示建筑的空间美与结构美，力求完美地体现室内空间与建筑空间的统一。设计使用多种装饰材料，追求时尚、明快的

视觉效果，创造性地表现空间的品质和精神，同时满足客户的功能需求。

一层办公空间

前台区是公司的形象重点，通过木饰面的韵律感造型，通过灯光、色彩的效果，营造不一样的暖色氛围。过道墙面采用不规则的木饰面，犹如给单调的墙面抹上一层淡妆。墙面与大厅顶面、倾斜的造型遥相呼应，使整个空间变得灵动、顺畅（图7-2～图7-12）。

图7-2：建筑面积约210m²，实际使用面积约170m²，为双层大面积建筑，半开放式结构。整体空间分割不十分明朗，又零散分布许多支撑柱。因此，设计时要尽可能地利用、依靠支撑柱，并以此来展开设计构思。

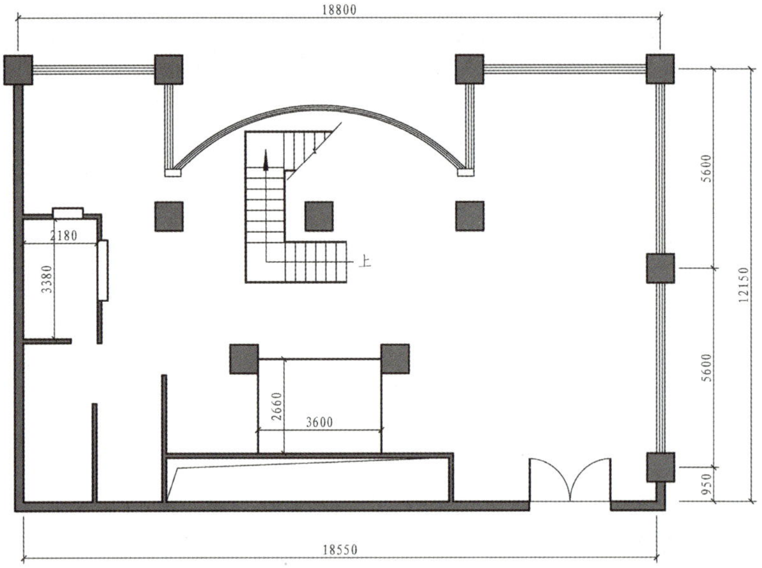

图7-2　一层原始平面布局

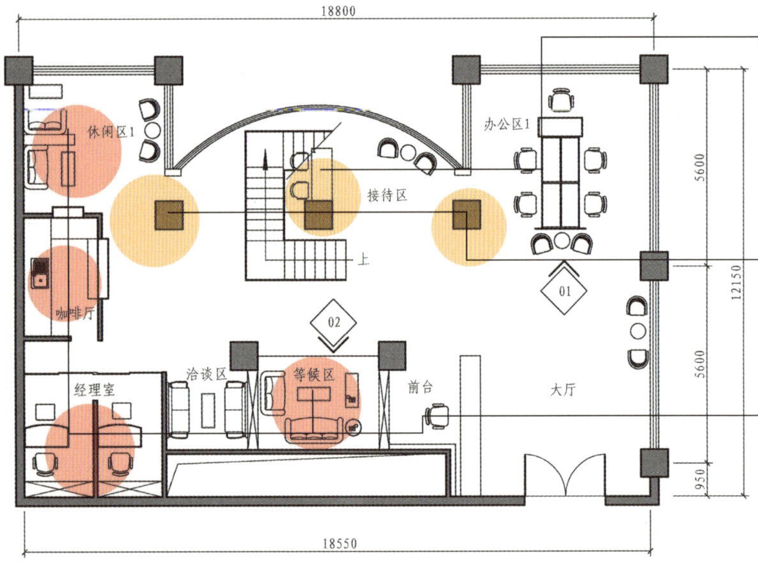

楼梯间下设计接待区，充分运用弧形落地玻璃采光，分流引导来访客人。

空间中央的立柱是划分办公区1、接待区、休闲区1的良好媒介，不在柱子周边连接墙体或家具。

前台、等候区、洽谈区、经理室、咖啡厅、休闲区1等空间都是在原始空间结构的基础上进行设计的，并没有拆除或者砌筑任何墙体隔断。

图7-3　一层设计改造后平面布局

图7-3：由于室内立柱是不能拆除的，因此在设计中充分、合理地利用这些立柱自然地将空间进行划分，形成不同的功能分区。

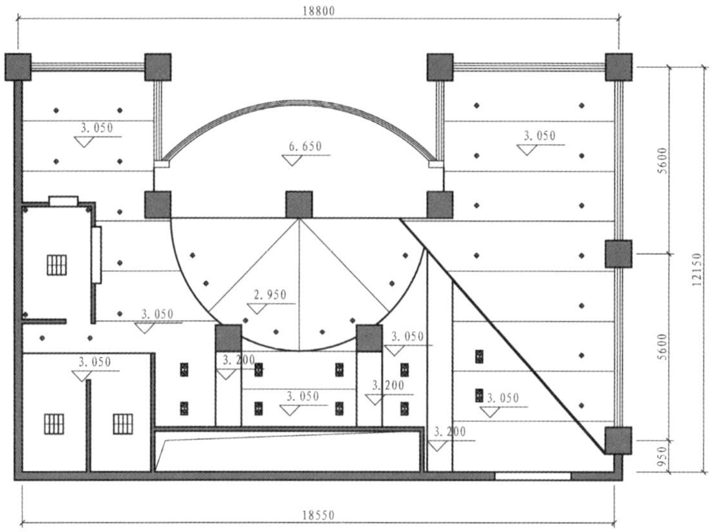

图7-4：照明灯具：筒灯、节能灯、栅格灯，开放式空间区域内，照明灯具的布置方式主要为大面铺设筒灯，而房间内主要应用节能灯和栅格灯。筒灯的照明效果较弱，整体性较好，具有较好的装饰效果。

图7-4　一层顶面照明设计

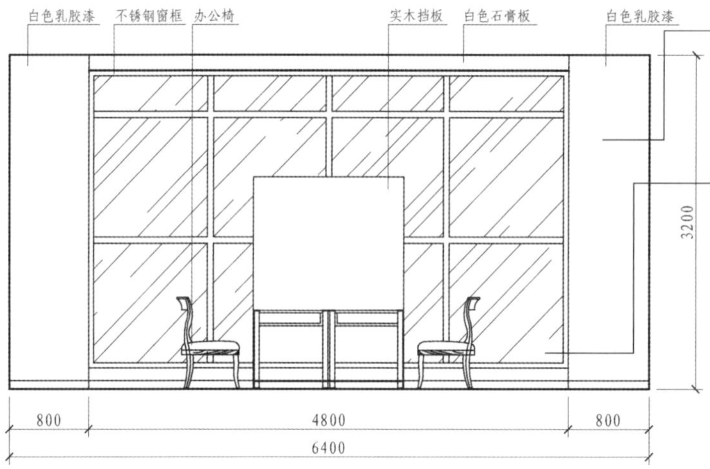

墙面以白色乳胶漆为主，采用石膏板作点缀。

占据墙面大半面积的半透明窗户使得办公区的采光得以保证，同时注重员工的个人隐私。

图7-5：办公桌椅根据窗户的中轴线进行布置，使桌子两侧椅子后面空余空间一致且充足，在设计上选择对称性布置，达到完美的平衡。

图7-5　办公区立面（一）

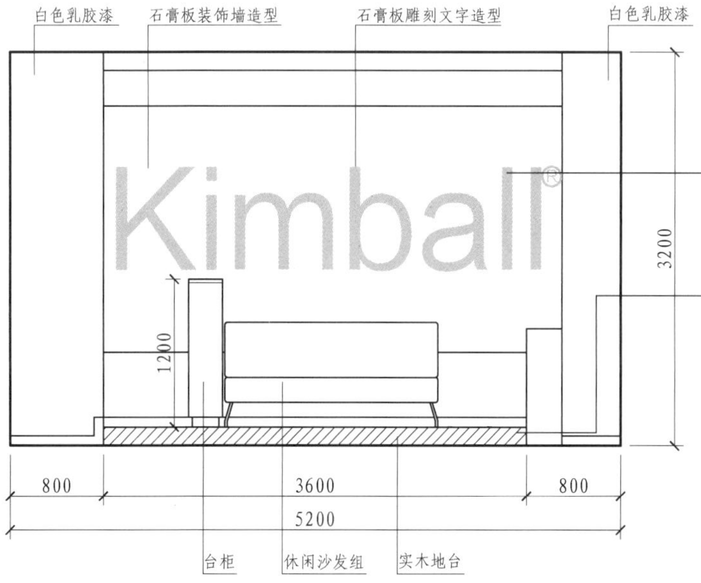

这部分是以石膏板为主，不同的是，靠墙的左右两边做了半人高的装饰隔墙。

隔墙与地台很好地将接待区域围合起来，但又不至于使人感觉憋闷。

图7-6：办公区不仅满足人们对于办公的需求，为提高员工的积极性，往往还设置休闲沙发或休闲区给员工提供可休憩的空间。

图7-6　办公区立面（二）

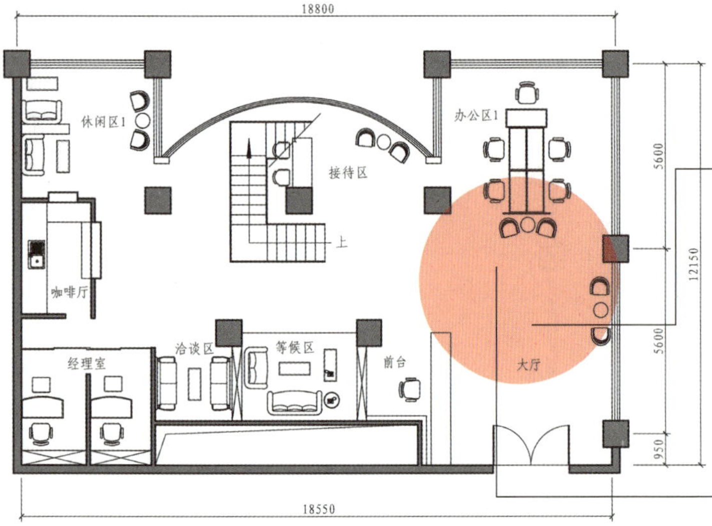

图7-7　设计效果：办公区（一）

图7-8　设计效果：办公区（二）

图7-7：由于室内空间净高较低，立面采用了一些斜面造型，通过光影视错，使人感觉不到空间的压抑。

图7-8：办公区1迎面就是大片窗户，因此采光效果是极好的，此外，大厅几乎是与办公区1相接，只是在办公桌上“大做文章”，加长办公桌一侧的隔板，于是电视背景墙与地柜都具备了，加上“墙”、小茶几、矮凳，俨然是一个小型的大厅接待区。

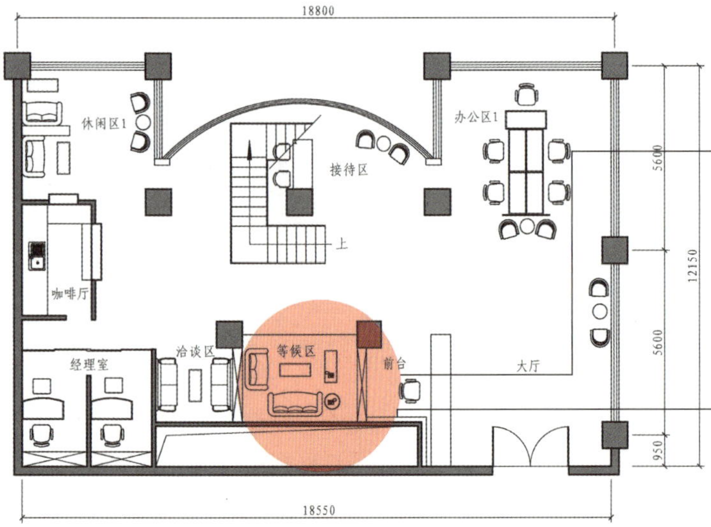

图7-9　设计效果：前台与接待区（一）

图7-10　设计效果：前台与接待区（二）

图7-9：前台区与接待区以层层递进的方式依次排列，布局规整，层次变化丰富。两者皆采用同类型壁纸，或贴于前台柜，或贴于矮柜隔墙。除此以外，不同于一般企业Logo以正面展示，这里以浮雕的形式再现于侧面白墙上，创意且不张扬。

图7-10：接待区布局采用对称和不对称两种形式。对称形式设计主要表现为立柱、立柱上的灯、立柱前的矮凳；而不对称形式设计主要表现为柜台、沙发、茶几以及右侧的矮柜隔墙。这两种形式的结合，打破常规，给设计带来另类的装饰效果。

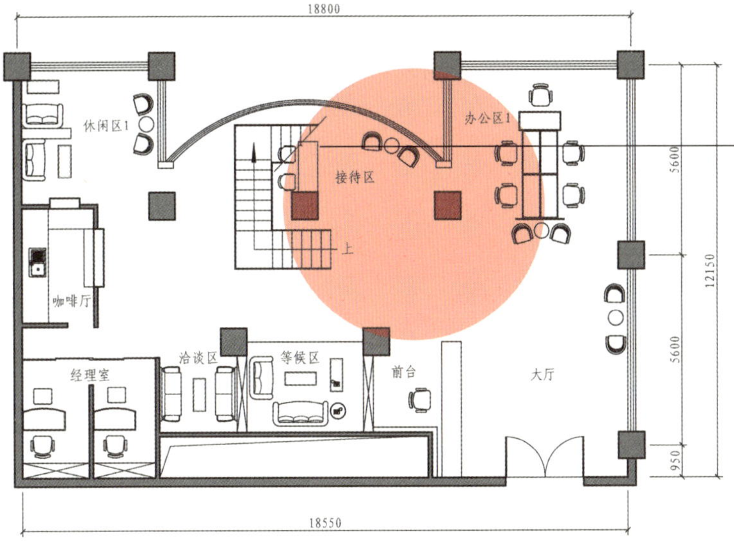

图7-11：很多时候楼梯下面的不规则空间都浪费了，这里就地取材，倚靠承重柱打造咨询台。另外，运用实木板包裹全部柜台以及承重柱局部，一直延伸至地面，形成不规则形态。当然该办公空间的板材纹路和色调力求一致，局部细节与整个办公空间既统一，又相互呼应。

图7-11 设计效果：楼梯周边区域（一）

图7-12：办公桌与大厅相隔，又斜对着楼梯口。为避免触及楼梯区域来往行人的探究视线以及喧闹的环境，在桌面上设计有隔板。隔板较低矮的高度也不会阻碍办公人员交谈。

图7-12 设计效果：楼梯周边区域（二）

二层办公空间

纵观全局，各种功能分区井然有序，上下两层空间的使用功能在逻辑上清晰明朗，满足各种规模和性质的办公运营，能给整个办公空间带来活力（图7-13～图7-22）。

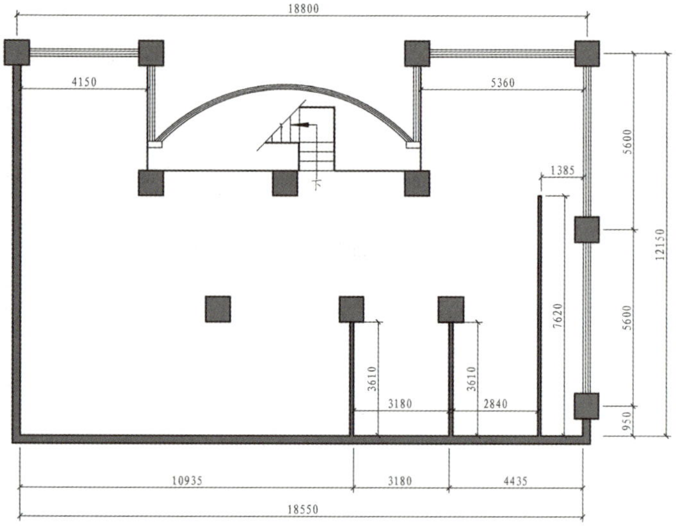

图7-13：建筑面积约210m^2，使用面积约168m^2。与一层不同的是，二层的立柱相对来说更多、更集中，现有隔断也更少，适合作开敞式空间设计。二层人流小、干扰小，较安静，适合将多种办公区集中布置，以满足办公空间的功能需求。

图7-13　二层原始平面布局

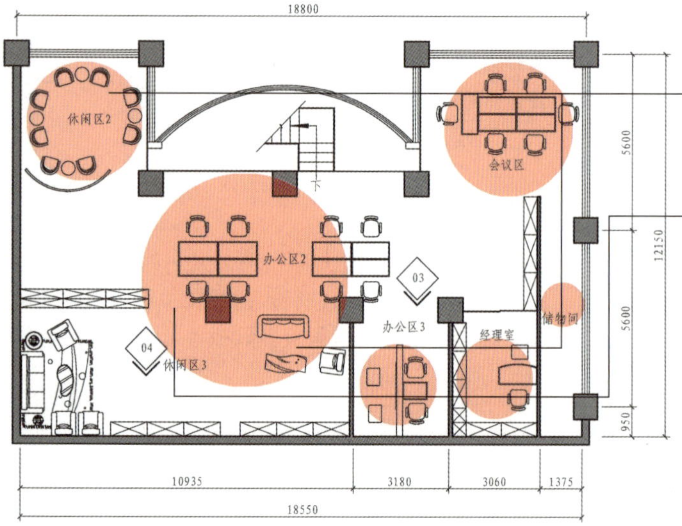

分析原始平面图中隔断墙的分布情况，可以将整个空间分为休闲区2、会议区、储物间、经理室、办公区2、办公区3。

这里将办公区2与休闲区3通过增设柜子隔断，结合现有的立柱，分割成两个单独的功能空间。

图7-14：二层除了满足办公空间基本的办公需求外，设置了两处休闲空间，满足公司的休闲需求，充分考虑了人们的心理感受，让人们在工作之余也可享受生活。

图7-14　二层设计改造后

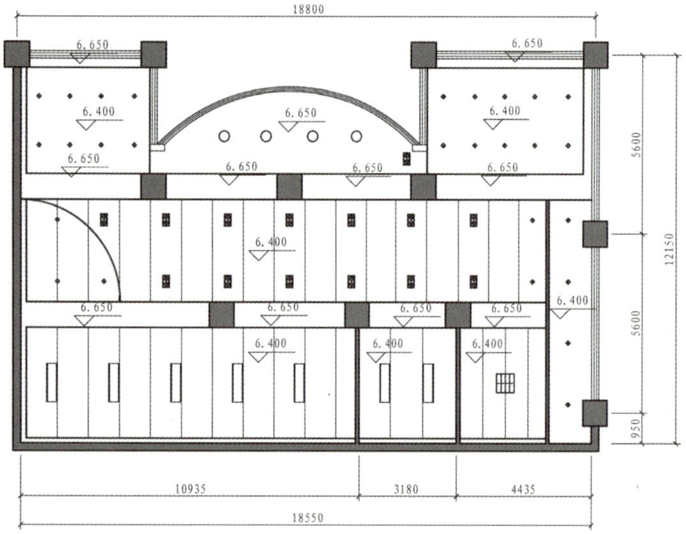

图7-15：照明灯具：筒灯、吸顶灯、节能灯、栅格灯，自然采光固然重要，但是一般情况下，自然采光并不能完全满足办公空间照明需求。办公空间的灯光布局设计，不仅保证了照明效果，也有一定的装饰效果。通常经理室的灯光照明一定要考虑其亮度，会客室要亮度适中，上下楼梯要亮度强，一些不需要经常使用的区域，可以采用间隔照明。

图7-15　二层顶面照明设计

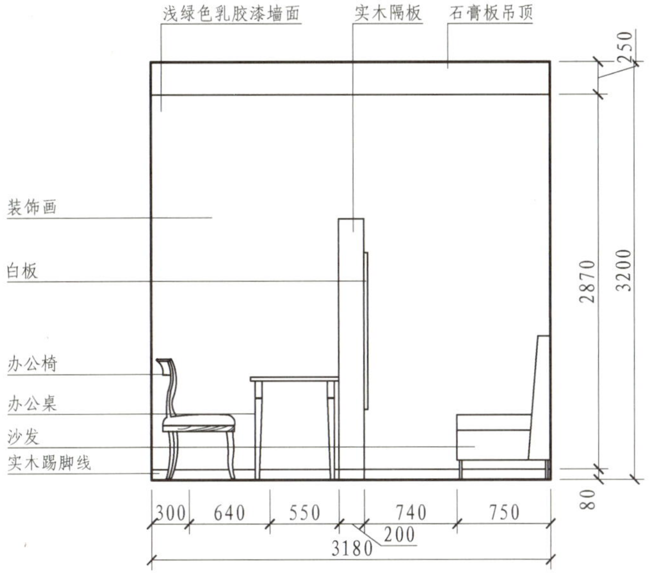

图7-16：该设计将办公、商讨功能集合在一起，满足多功能使用需求，能较好地发挥各自的作用。

图7-16 办公区立面（三）

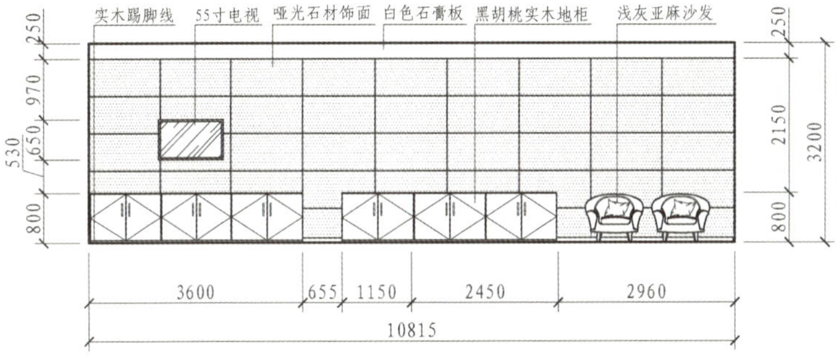

图7-17：该办公空间没有设计专门的资料存储室，休闲区的柜子可以用作存储办公资料或是放置吃食，总之比较实用。

图7-17 办公区立面（四）

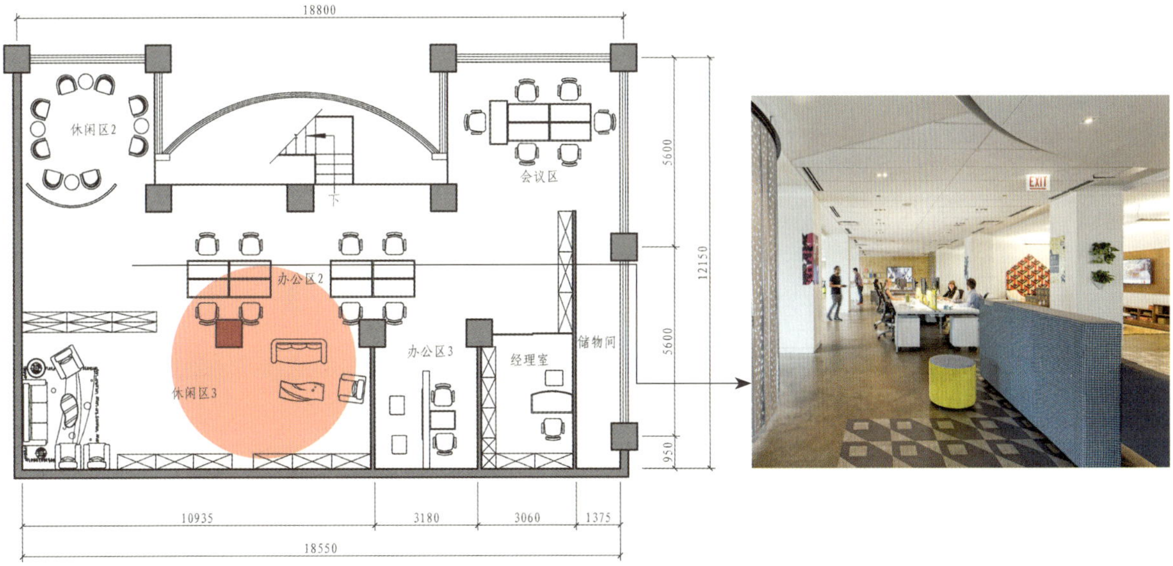

图7-18 设计效果：办公区与休闲区（一）

图7-18：这里将休闲区与办公区连接在一起，真正做到劳逸结合，从而诠释一个随意自在的办公环境。

图7-19　设计效果：办公区与休闲区（二）

图7-19：设计师以明朗的色调、轻快的线条配以柔软舒适的地毯，架构男性硬朗豪爽；饰以精致的陈设，写意女性热情柔美，阴阳合德，刚柔并济，相宜相生。

图7-20　设计效果：办公区与休闲区（三）

图7-20：设计中色彩的运用至关重要，色彩让人产生各种各样的心理感受，不同的色彩传达出不同的情绪，让人产生各种各样的心理感受。这里也是如此，墙面彩色图形与地面图形相映成辉，形成舒适的视觉色差对比，为员工带来柔和舒适的休闲体验。

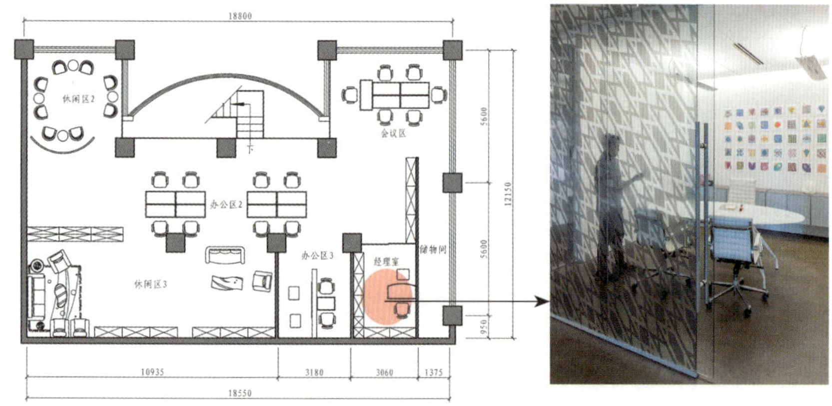

图7-21：经理办公室设计简洁凝练，对细节的尽善尽美追求贯穿设计始终，唯美凝练的夹丝玻璃隔断，虚实掩映。半透明的玻璃隔断、开放式的办公家具，将管理层与员工、部门与部门之间的距离拉近，鼓励彼此在舒适自然的氛围中研究与讨论、收获信息、激发灵感。

图7-21　设计效果：经理室

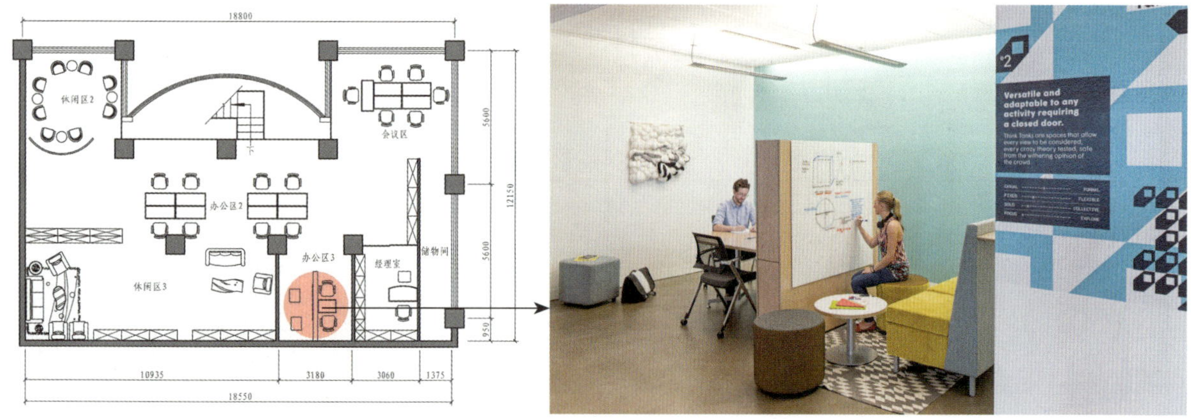

图7-22　设计效果：办公区

图7-22：这类办公区也可以称作冥想区或者思考区。实木隔板墙一方面充当书写的载体、画架，也算是物尽其用了；另一方面，作为隔断也是非常称职的，隔板墙两端的办公人员可以各自完成自己的工作，做到干扰最小。

7.1.2 营销型联合办公空间

主要用材：铝塑板、地毯、壁纸、玻璃。

这是一家从事销售业务的企业，设计师呈现出一个艺术状态的办公空间，将公司打造成一个能够提供先进办公设施的移动办公空间，提供网络接入、会员资格、虚拟办公室、会议室等。

原有建筑格局比较方正，左侧为多个独立办公间，设计有多种功能分区，可以根据需要布置小会议室、财务室、卫生间等。右侧为开放式办公区，主要布置接待区与办公区，供客户上门咨询业务。属于比较标准的营销型办公空间（图7-23～图7-36）。

整体色彩设计十分醒目，运用深蓝色与白色相互穿插，设计图案附加装饰，让办公空间显得沉稳精致，适当搭配棕黄色、棕色、灰色等中性色继续提升沉稳感，运用金属边框与不锈钢家具来提亮设计重点。

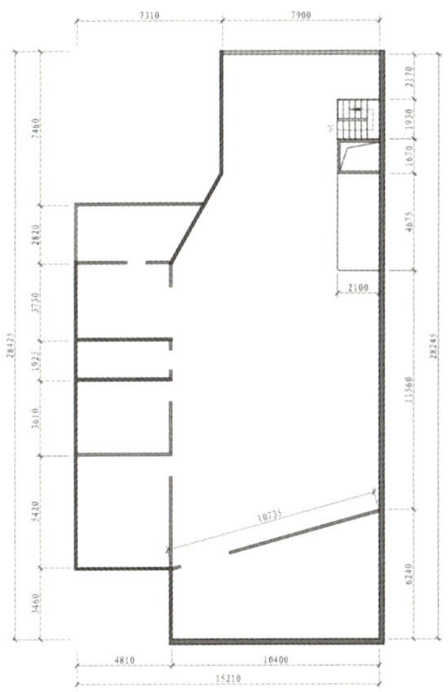

图7-23 原始平面图

图7-24 设计改造后平面布局

图7-23：建筑面积约733m²，使用面积约580m²。入口位于下层空间，从楼梯进入该层，要在该建筑内建造一个涵盖多部门、多功能，青春时尚的共享办公环境。

图7-24：平面布局以办公区1为中心，设置了游走全公司最短距离的回形通道，简单的动线使空间利用率最大化，更有利于各部门的协同工作。

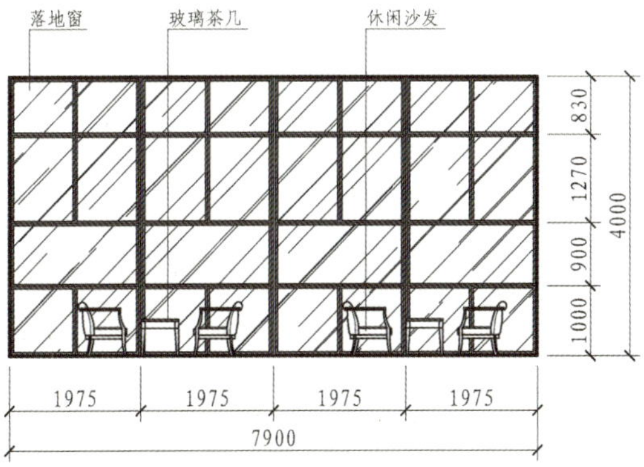

图7-25 休闲区立面图

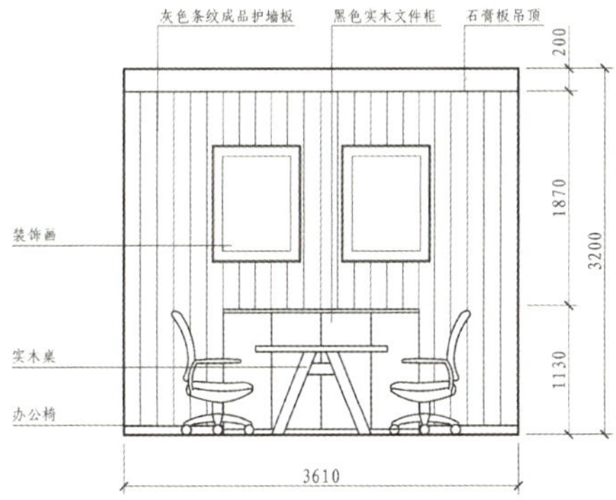

图7-26 经理室立面

图7-25：休闲区位于落地玻璃窗旁，具有良好的视野，随意摆放休闲沙发与玻璃茶几，营造自由、舒适的休息环境。

图7-26：经理室会客区选用实木桌搭配办公椅，墙面设计成品护墙板，摆放文件柜，布局形式为小会议室。

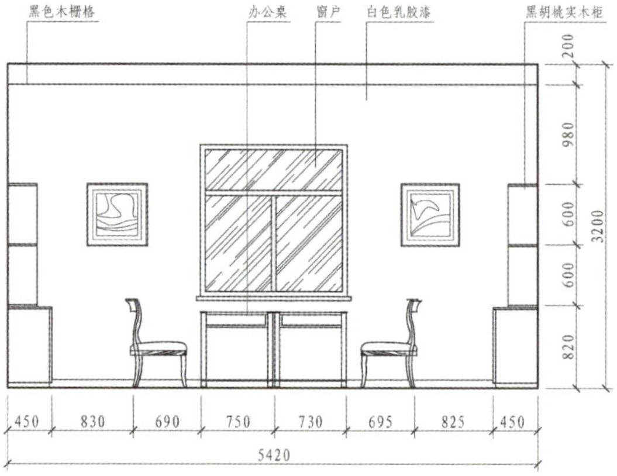

图7-27　办公区立面图

图7-27：办公区墙面设置整体书架柜体，提供了足够的收纳空间；简洁的线状灯管设置巧妙地把整个空间连接成一体。

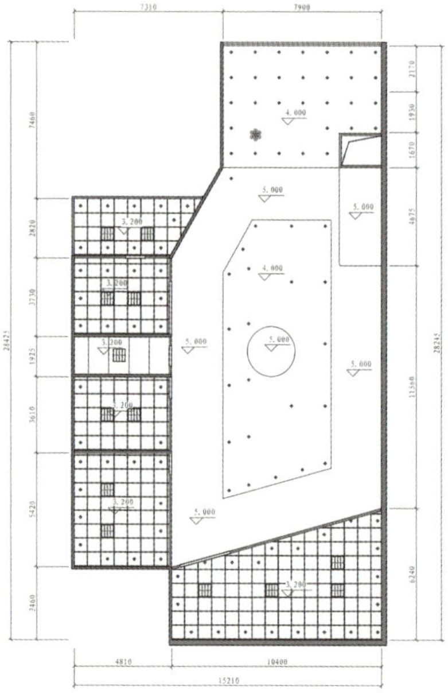

图7-28：照明灯具：筒灯、吊灯、栅格灯。办公空间中的一般照明，其照度最小值与平均照度值的比值不应小于0.7。此外，对于兼有一般照明与局部照明的工作区域，其照度也不应小于200lx。

图7-28　顶面照明设计

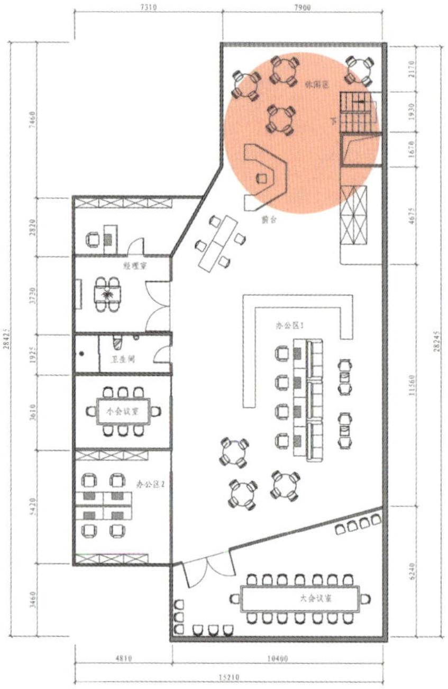

图7-29：开放式的休闲区十分开阔，温馨舒适的色调，打造全新的办公体验，多个休闲服务区、所有的公共设备全部共享使用。

图7-29　设计效果：休闲区（一）

图7-30：走进休闲区，映入眼帘的是一个亮敞的通透空间。捧上一本书，坐上舒适的沙发，阅读在这一刻成了最美好的享受；倒上一杯咖啡，享受悠闲的午休时光。

图7-30　设计效果：休闲区（二）

图7-31：踏入流线形的大厅，玻璃墙面、地面、休息区等形成的多面弧线纷纷引导着空间的访客，各功能区弧形造型墙的串联也是由此处开始。

图7-31　设计效果：休闲区与过道（一）

图7-32：空间以冰冷的商务蓝为基调，同时呈现平整、斜纹等不同的质感。蓝色与灰色的划分丰富了空间的层次感，黄色与白色的点缀则增加了空间的生机和活力。

图7-32　设计效果：休闲区与过道（二）

图7-33：设计中更多地考虑了开放式借景处理，尽可能地将别处的景色延展进来。整体空间仍然是延续稳重、简约、舒适的风格。柔和的色调搭配皮革与石材的明暗对比，传递着精致且人性化的办公格调。

图7-33　设计效果：办公区

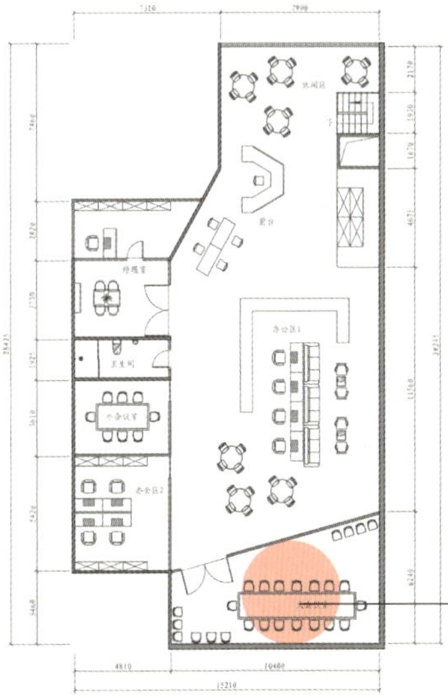

图7-34：顶部具备良好的自然采光条件，开放办公区视野开阔。墙面用古老的面具石像穿插在整个会议空间中，营造出稳重、舒适的氛围；蓝色、白色与灰色的碰撞，又激发了员工的工作激情。

图7-34　设计效果：大会议室

图7-35：配合别致的灯具造型，采用趋向自然、环保的家居材料装点空间，营造稳重、简约、舒适的感觉。

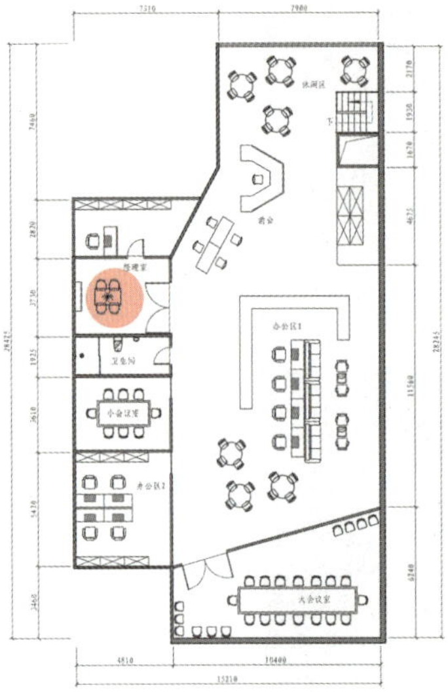

图7-35 设计效果：经理室

图7-36：卫生间的使用频率较高，设计在会议室、经理室以及办公区之间。其装修风格比较特比，给人干净、明亮的视觉效果。

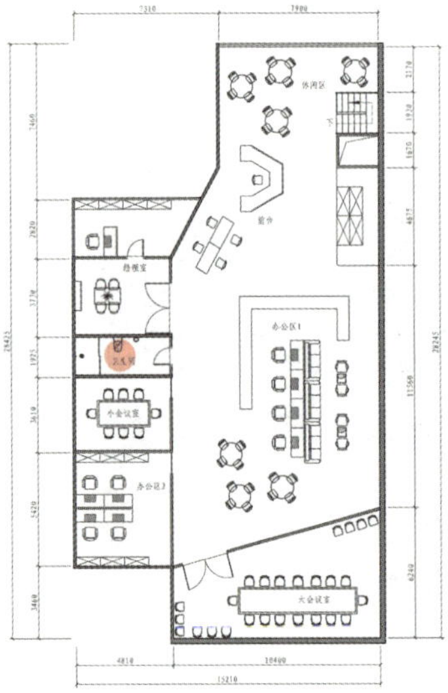

图7-36 设计效果：卫生间

7.1.3 销售企业办公空间

主要用材：地毯、乳胶漆、木饰面板、复合木地板。

本设计将700多平方米的空间主要分隔成五大功能分区，包括大厅（接待、前台）、咖啡厅、休闲区、会议区、办公区。办公空间以白色为主色调，采用现代风格设计手法，呈现科技、时尚的设计特点。

流线形的有机形态、简洁素雅的色调、气质型桌椅——大厅设计奠定了整个办公空间设计的基调。设计给人以简约灵动、时尚大气的整体感受。圆弧曲线结构的接待台以柚木色作为主色，灯光色为辅色，简单大方。接待台一侧是半封闭式访客接待区，多组特别配置的对坐布艺沙发，在保证访客隐私的同时，给人轻松惬意之感（图7-37～图7-50）。

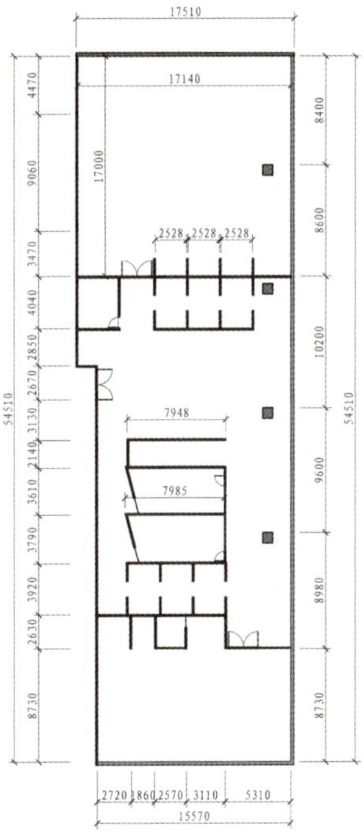

图7-37 原始平面图

图7-37：建筑面积约721m²，使用面积约570m²。建筑空间内的区域间隔清晰明确，各大房间连接紧密。

图7-38：在现有建筑空间结构基础之上，设计有大厅（前台）、咖啡厅、休闲区、会议区、办公区五大功能分区。对于这些办公功能分区的位置，规划得十分巧妙。

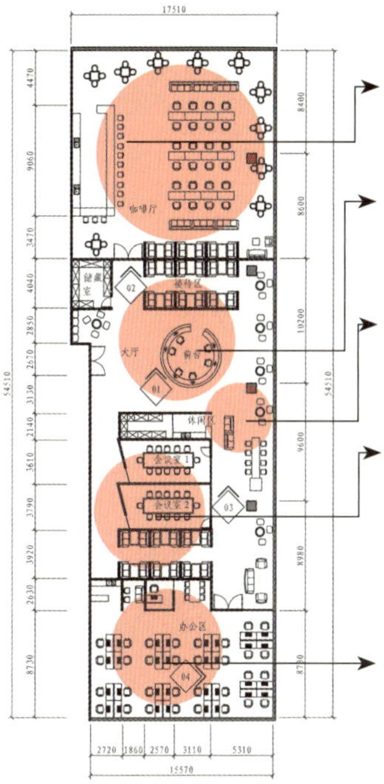

将可能最成为嘈杂的咖啡区放置在空间的一端。

前台与大门对应，位于整个办公空间中央，人员进入后方便流动。

前台旁安排休闲区，供等候的访客休息。

会议室设计在中央独立空间，方便各办公区人员快速集中于此。

将整个工作区放置在空间的另一端，其中需要安静环境的办公区的位置最为僻静，为提高员工办公效率做出了努力。

图7-38 一层设计改造后平面布局

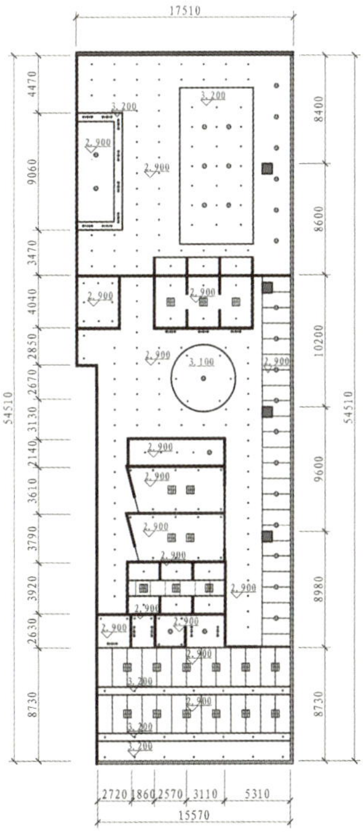

图7-39 顶面照明设计

图7-39：照明灯具：筒灯、组合吊灯、栅格灯、节能吸顶灯。该办公空间咖啡厅与大厅的一侧为全景落地窗，并且办公区的两面墙体也为全景落地窗，因此，室内采光是极好的。另外，为加强办公照明，室内以高亮度的栅格灯为主，辅以弱亮度的筒灯组合补光。

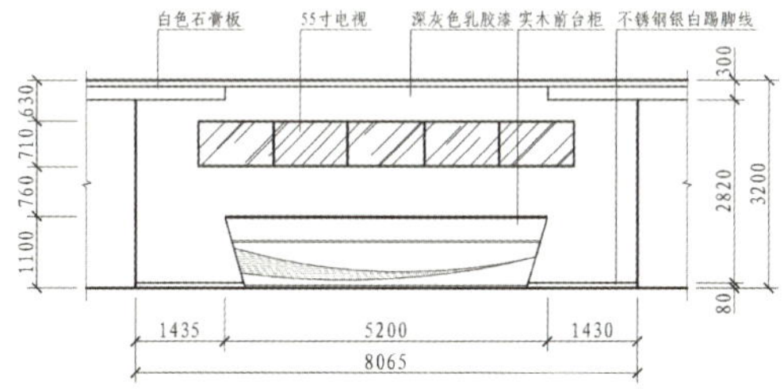

图7-40 前台立面图

图7-40：灰色主视觉色调搭配实木，简约又不失时尚感。另外，通过电视播报公司宣传片的形式，可以向来往访客展示公司形象，宣传公司业务。

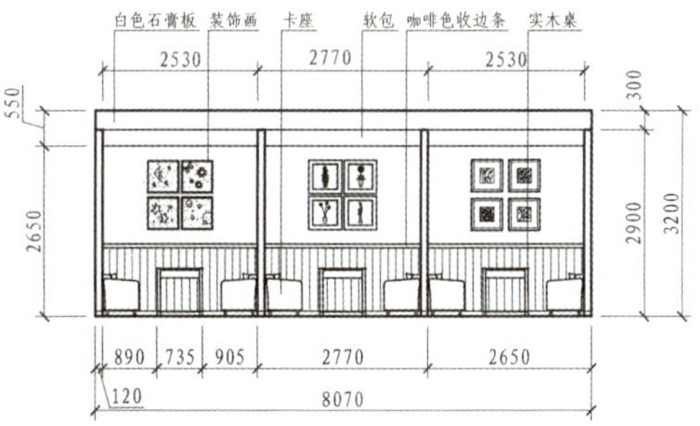

图7-41 接待区立面图

图7-41：隔断确保了谈话的隐私性，贴心的软包设计则让漫长的谈话过程变得更加舒适。设计可谓是十分贴心了。

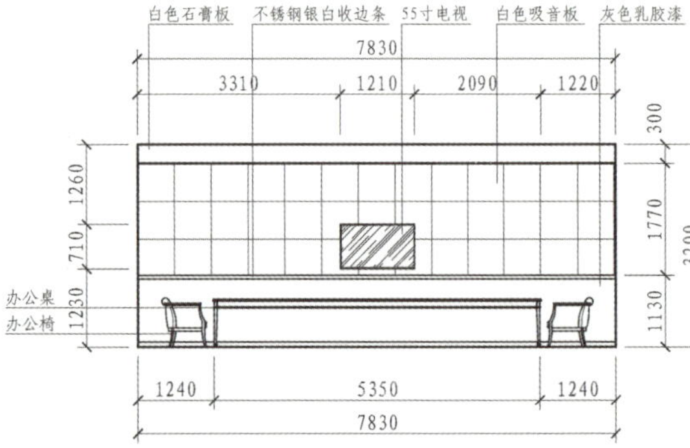

图7-42　会议室立面图（一）

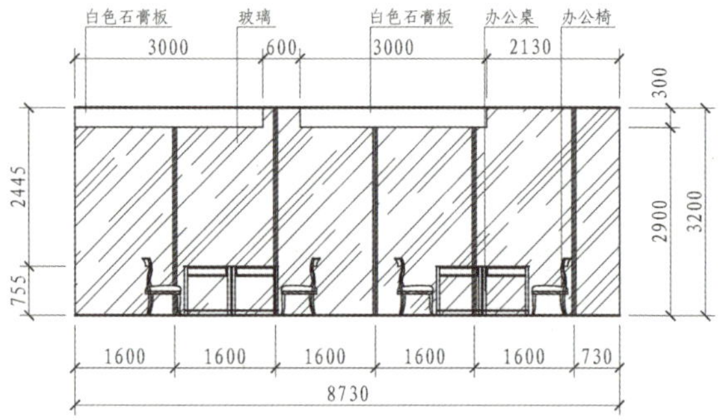

图7-43　会议室立面图（二）

图7-42：简洁的会场设计，有效地扩充了会议室的容纳空间，规整的线条也让空间更具威严感和稳重感。矩形大会议桌可供大量的与会人员使用，也算是物尽其用了。

图7-43：大面积的落地式玻璃窗设计，很适合休闲娱乐或是洽谈业务。这里也可以说是另一处接待区。访客也可以选择在此谈业务，相对大厅接待区，这里要随意很多。同时多组桌椅组合能够容纳大量的访客，不会出现座位不够用的情况。

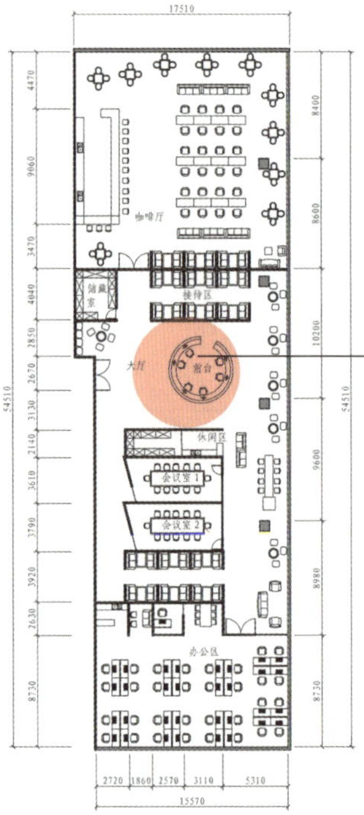

图7-44：流动曲线不断出现，充满动感和趣味，使人如同置身在一个动态的异形空间里。热情的亮色，典雅而高品质的家具，让前台大厅显现出一种科技感、能量感。

图7-44　设计效果：大厅（一）

图7-45：充满创意的现代元素，表现出办公空间中科技与创新的现代时尚感，同时赋予空间以生命，让空间灵动起来，彰显出简约、时尚、轻奢的气派。

图7-45　设计效果：大厅（二）

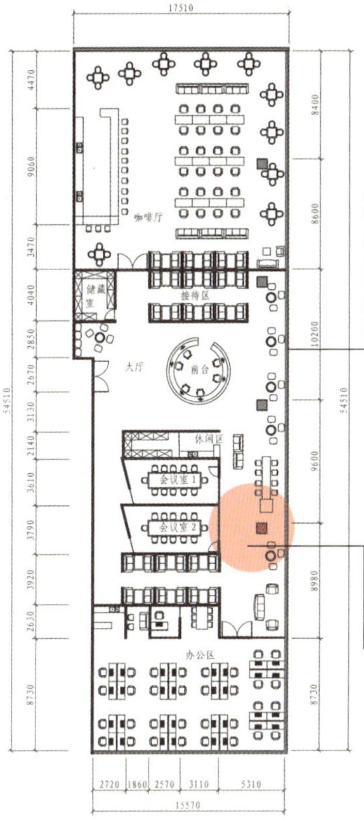

图7-46：与黑色地毯相对的是天花上圆形的筒灯设计，彰显出一种革新的精神。或大红或鲜黄或淡蓝的坐具为整个纷杂的空间注入了一抹亮色，增添了几分艳丽与雅趣，让刚与柔、力与美在此处尽情释放。既利于访客们相互间无障碍地沟通交流、员工们休息畅聊，又给人明朗开阔的视觉感受。

图7-46　设计效果：休闲区（一）

图7-47：一组晕黄的圆环状吊灯造型，如一颗颗耀眼明珠，散发出明亮的光辉，又像一个个饱含思想的原子，在不断交互碰撞，激发员工们的热情与灵感。

图7-47　设计效果：休闲区（二）

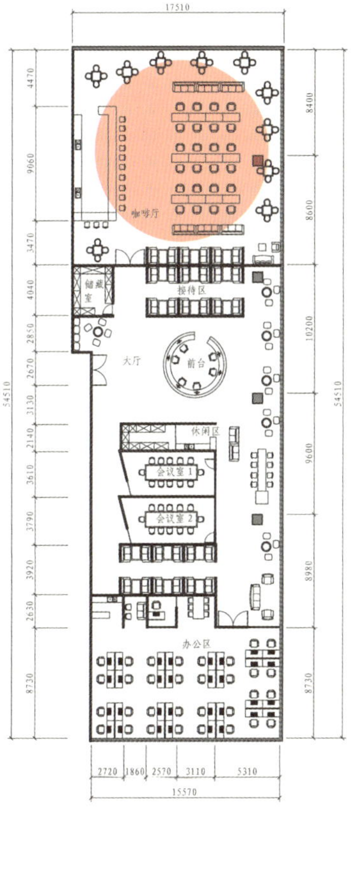

图7-48：只是咖啡厅就占据了整个办公空间的三分之一，可见公司比较注重办公效率与高质量的办公生活。设计师在对空间立面效果的把握上，从始至终坚持统一而富有变化，装饰而不奢侈的手法，针对细节部分加以琢磨，将简单的设计元素（线与面的结合、方块与色彩的变化）变成富有生机的装饰亮点。

图7-48　设计效果：咖啡厅（一）

图7-49　设计效果：咖啡厅（二）

图7-49：当缓缓推开大门时，宽敞、明亮的咖啡区豁然开朗。透过室内大面积的落地玻璃窗，户外与室内环境相映成趣。在软装饰的搭配上做到整体协调，色彩统一。大量采用鲜艳色块，使得整体简约的空间充满活力。

图7-50　设计效果：接待区

图7-50：将入口设计成为一个窄长通道，增添空间的神秘感和进入空间的仪式感。运用橘红的光照营造空间氛围，增进进餐食欲。

7.2　办公设计案例

7.2.1　科技企业办公空间

主要用材：白色乳胶漆、墙纸、隔声墙板、化纤地毯、仿大理石地砖。

这套科技企业的办公设计注重简洁，采用现代风格，对装饰造型极简化处理，表现强烈的科技感，充分运用灯光集中照明来烘托办公主体区域，功能布局紧凑且实用（图7-51～图7-57）（设计师：常华溢）。

图7-51（a）：公共打印机位于工位首端，提高了打印机的使用效率。

图7-51（b）：公共台柜上摆放着公用办公设备，台柜平面尺寸为1200mm×600mm，放置在工位首端，与办公桌侧面宽度一致。

（a）公共打印机

（b）公共台柜

图7-51　公共办公区

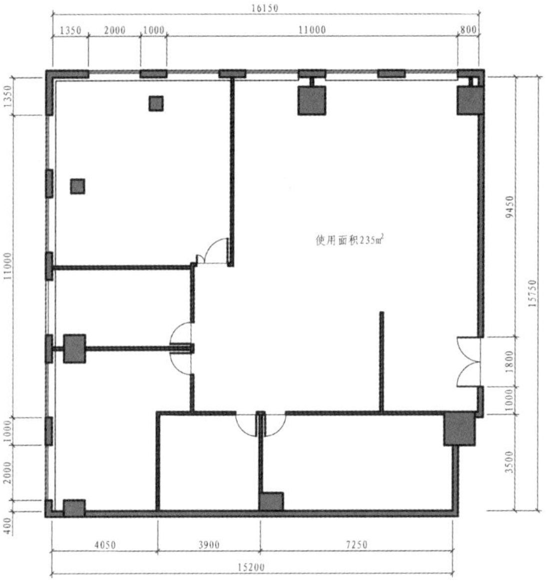

图7-52　原始平面图

图7-52：办公空间原始平面位于商务写字楼西北角，有两面采光，内部隔墙构造已将区域进行划分，功能较齐全。

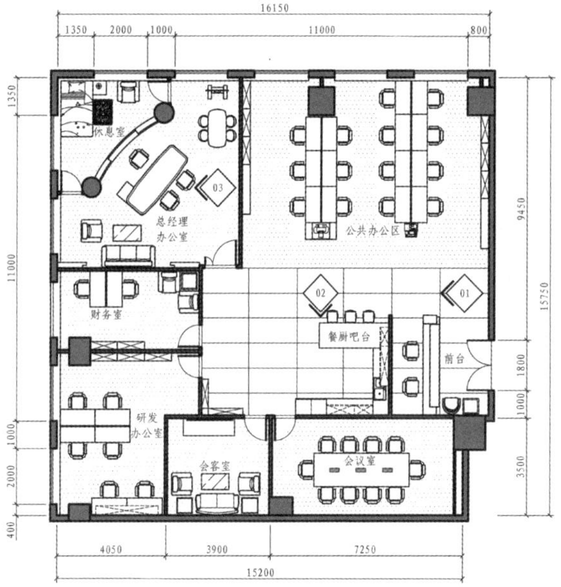

图7-53　设计后的平面布置图

图7-53：从东面大门进入室内，外部空间为公共办公区，工位数量与企业规模一致。内部区域根据空间构造摆放家具，所有功能一应俱全。

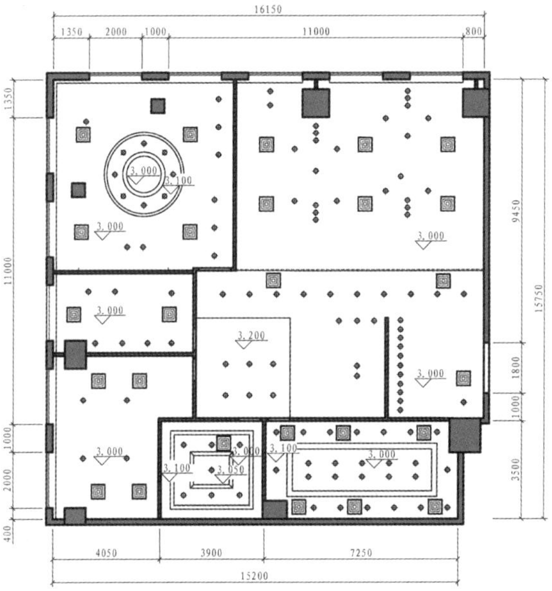

图7-54　顶面布置图

图7-54：顶面多以筒灯与平板灯为主，灯具数量与分布符合办公区域使用功能要求，兼顾局部重点照明与整体照明。

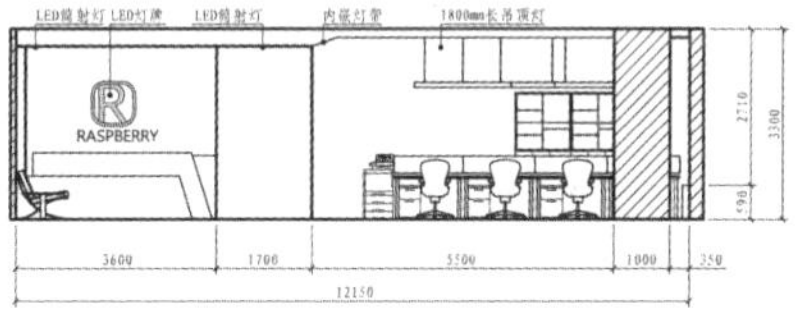

（a）01立面图

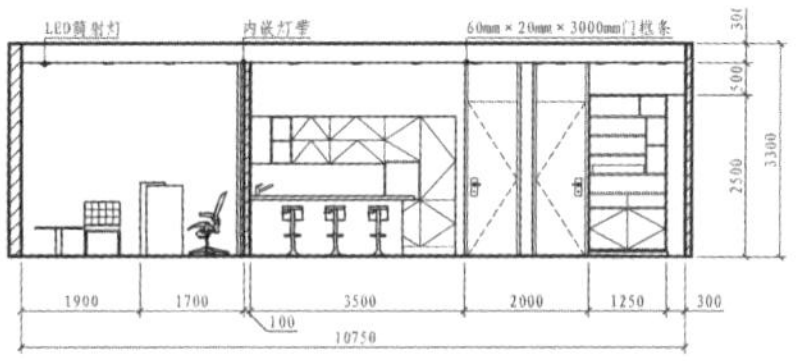

（b）02立面图

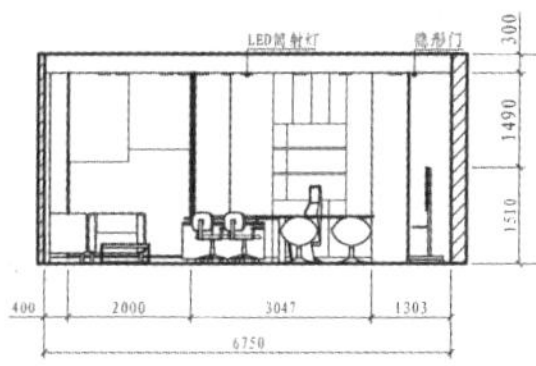

（c）03立面图

图7-55　主要立面图

图7-55：立面造型设计简洁，多以家具为主，墙面为白色乳胶漆，不再设计其他装饰造型。

（a）前台

（b）研发办公室

（c）走道

图7-56（a）：前台造型简洁，顶面采用条形嵌入灯光强化背景墙造型，地面铺装仿石材地砖，白色基调造就清新明亮的视觉效果。

图7-56（b）：研发办公室顶面采用格栅扣板与平板灯，采光照明充裕，适用于研发办公。

图7-56（c）：走道区域地面与前台门厅保持统一，通行效率高，地面铺装仿石材地砖，具有耐久性。

（d）展示柜

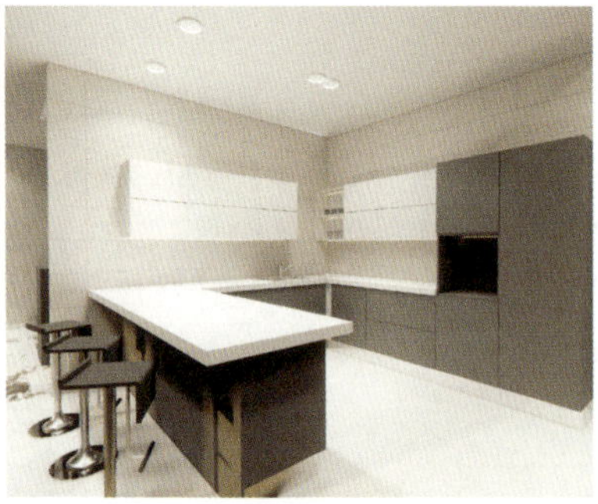

（e）餐厨吧台

（f）会客室

图7-56（d）：展示柜设计在隔墙转角空白处，同时也是外部通行走道的端头，用于放置各类荣誉证书。

图7-56（e）：餐厨吧台面积宽裕，设计整体橱柜与吧台，营造出轻松自如的休闲氛围。

图7-56（f）：会客室使用频率较低，布置简洁，虽然没有开窗，但是灯光照明充裕。

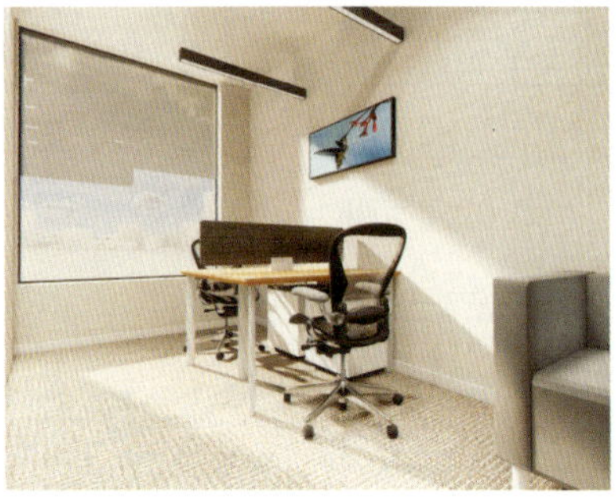

（g）财务室

（h）会议室

（i）总经理办公室

图7-56（g）：财务室紧邻总经理办公室，面积紧凑但布置宽裕。

图7-56（h）：会议室墙面安装成品装饰隔声板，临近总经理办公室，方便快速组织召开会议。

图7-56（i）：总经理办公室将转角处设计为弧形背景墙，墙内设计书柜，让方正的整体空间显得柔和端庄。

图7-56　各空间效果图

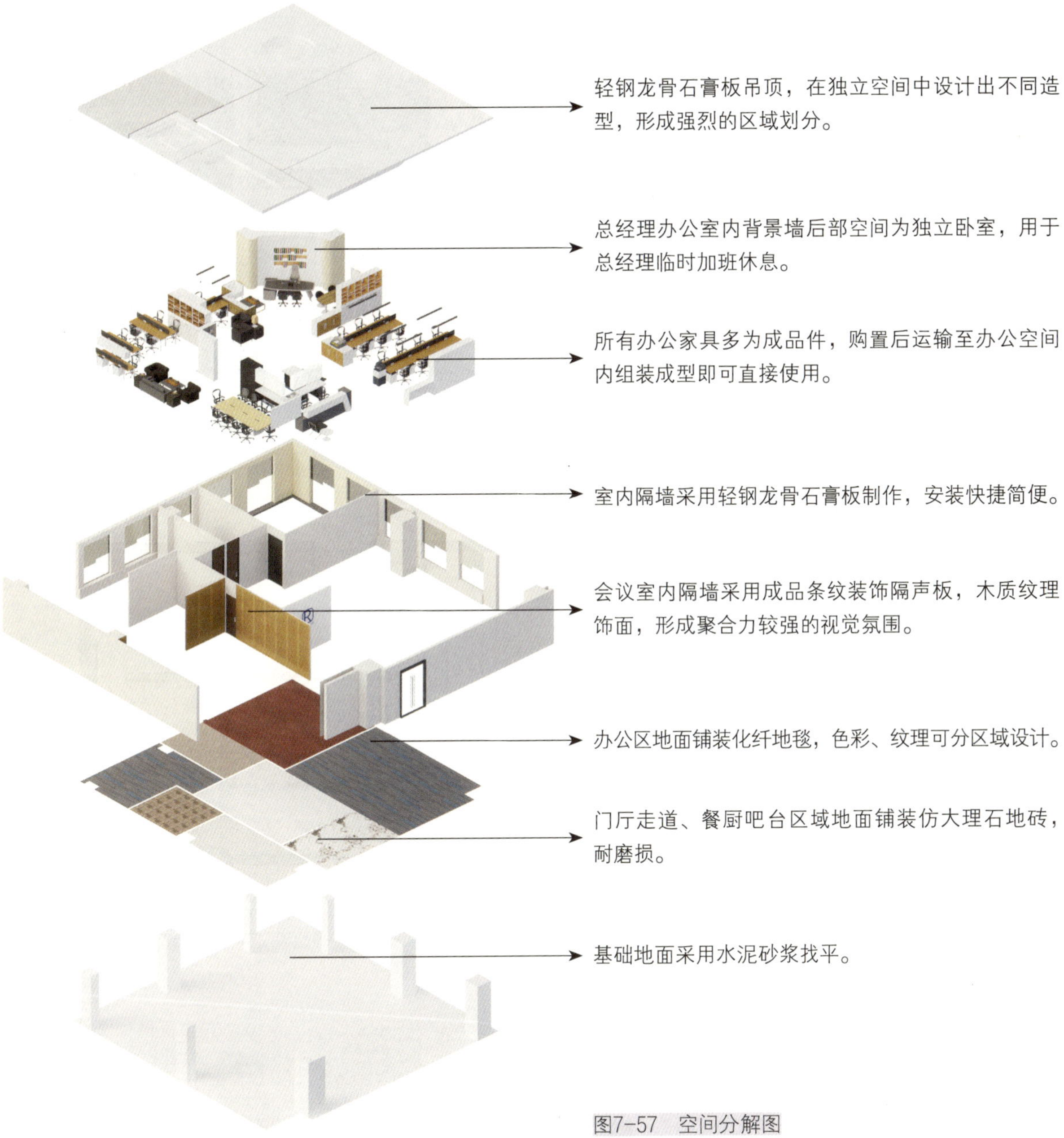

图7-57　空间分解图

7.2.2　文化企业办公空间

主要用材：白色乳胶漆、墙纸、混纺地毯、地砖。

这套文化企业的办公空间设计强调以简约为核心的设计理念。该方案运用现代设计手法，将装饰性造型降至最低。照明设计方面，通过集中使用灯光，办公主体区域得以凸显，增强了空间的功能性。空间布局紧凑，确保了办公的空间的高效利用。（图7-58～图7-64）（设计师：李若溪）。

图7-58：整体空间为矩形，位于写字楼西南角，两面采光均衡，将主要功能区集中在西南面，功能分区紧凑合理，色彩搭配淡雅。

图7-58 办公鸟瞰效果图

图7-59：办公空间内部隔墙构造已将区域进行划分，功能简洁，符合文化企业的基本使用功能。

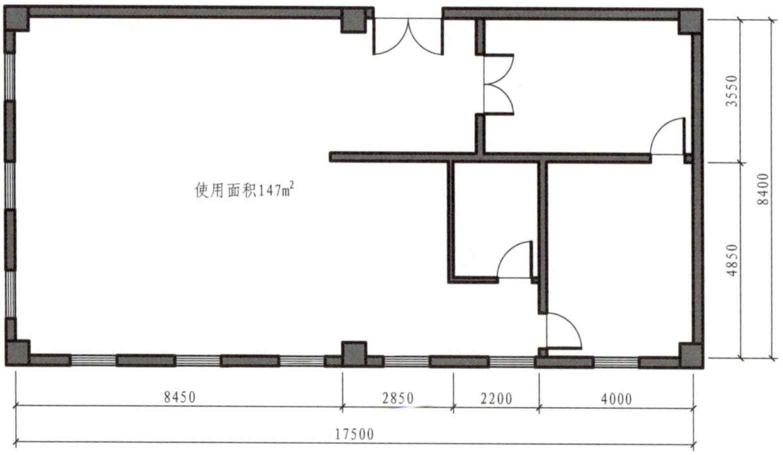

图7-59 原始平面图

图7-60：从北面大门进入室内空间，设计有前台、办公区、休闲区等公共办公空间，工位数量灵活变化，可根据需求增加办公桌椅数量。内部区域设计中管办公室、经理办公室、会议室，根据空间结构摆放家具，所有功能一应俱全。

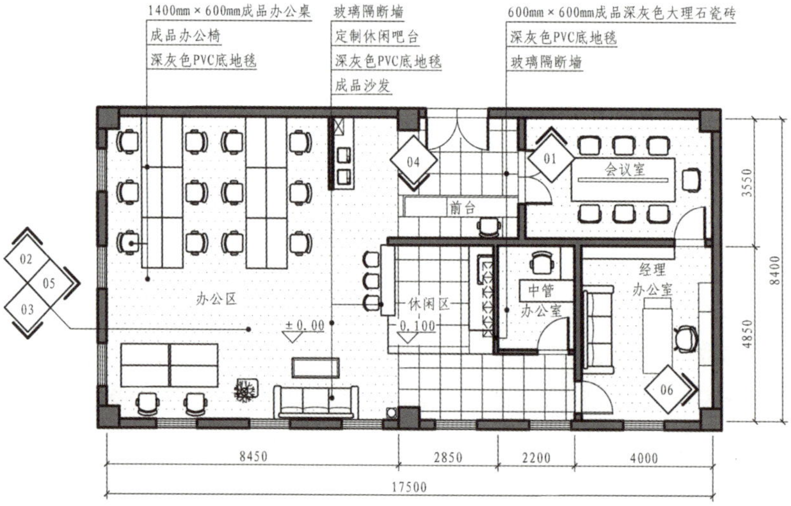

图7-60 设计后的平面布置图

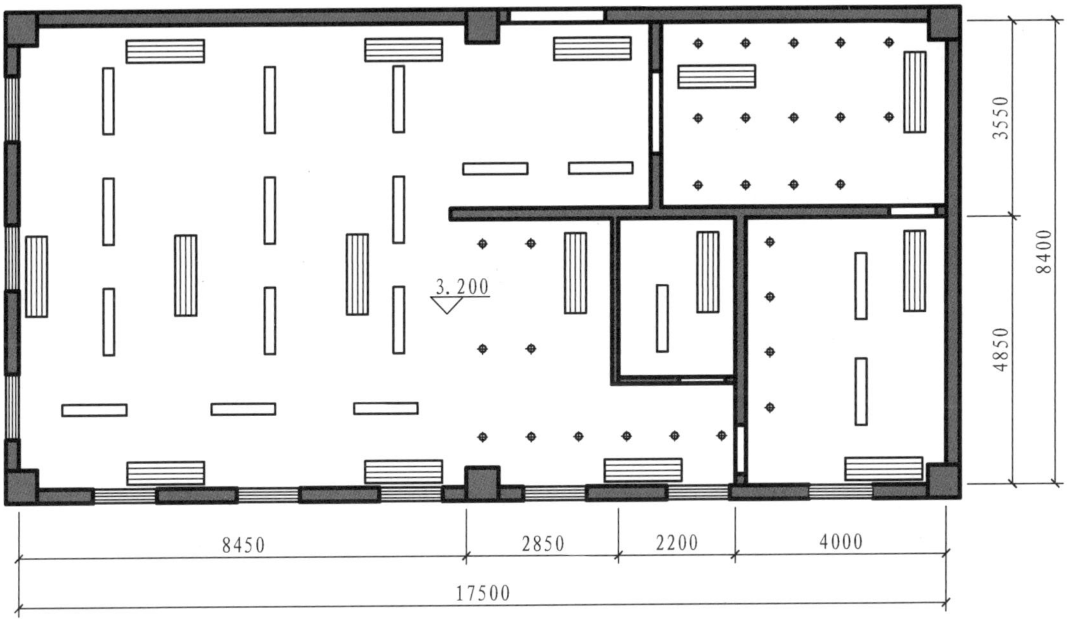

图7-61　顶面布置图

图7-61：顶面多以吊装条形灯为主，并安装中央空调出风口，灯具数量与位置根据办公桌布局设置。

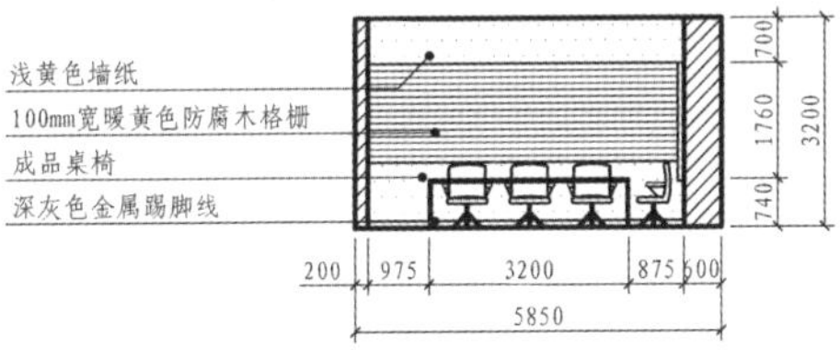

（a）01立面图

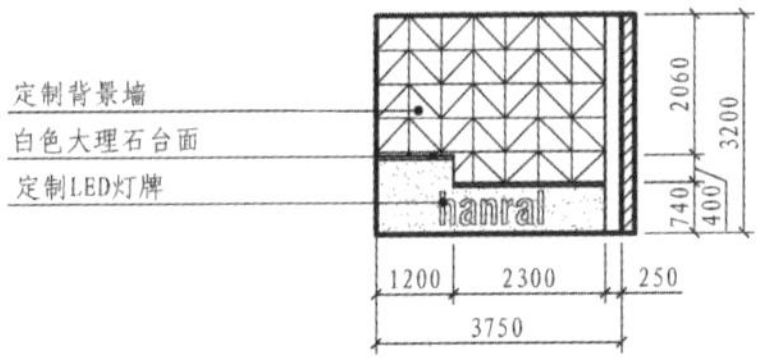

（d）04立面图

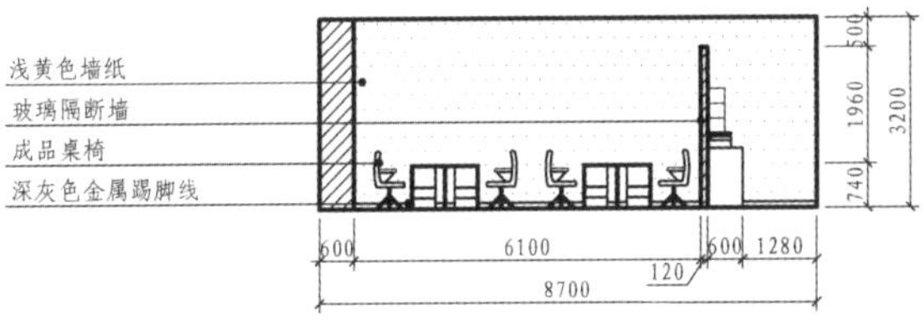

（b）02立面图

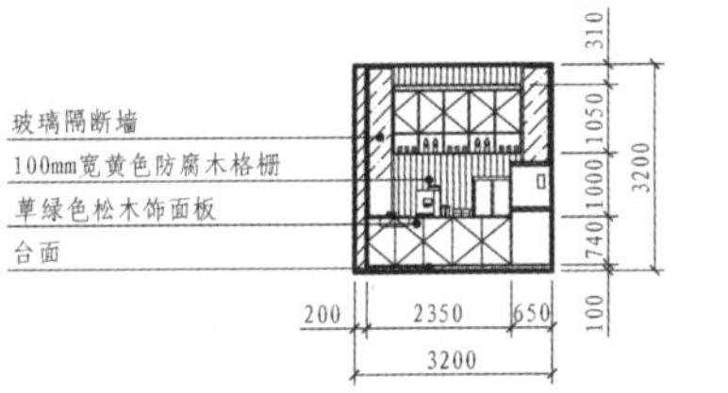

（e）05立面图

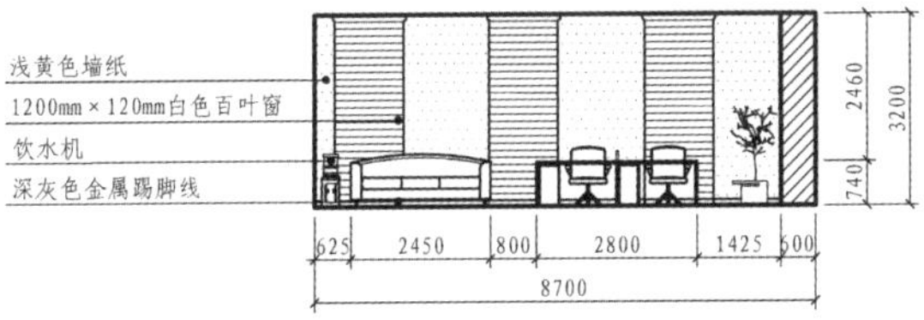

（c）03立面图

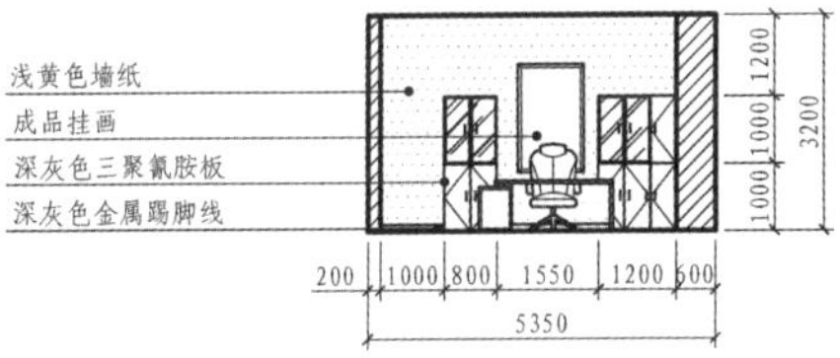

（f）06立面图

图7-62　主要立面图

图7-62：立面造型设计简洁，墙面为白色乳胶漆与墙纸，局部墙面铺装暖黄色防腐木格栅。

（a）前台

（b）办公区

图7-63（a）：前台设计三角形双色拼接造型背景墙，塑造出现代风格，打造文艺清新风。

图7-63（b）：办公区座椅排列整齐有序，尺寸设计合理，办公密度适中。

（c）办公区走道

（d）休闲区

图7-63（c）：办公区主要走道空间开阔，地面铺装混纺地毯，通行便利，隔声效果好。

图7-63（d）：休闲区设计有吧台与集成橱柜，具有一定储物功能，电器设备齐全，占地面积较小。

（e）设备柜

（f）办公区等候沙发

（g）增补工位

图7-63（e）：设备柜位于入口旁，形成虚拟隔断，主要摆放共享办公设备与文印用品。

图7-63（f）：办公区靠窗一侧放置等候沙发，居于墙体中央，形成遮光且庄重的视觉效果。

图7-63（g）：增补工位位于办公区边角，设计4组工位，用于临时增加人手处理紧要工作，座椅可根据需要从会议室临时调用，平时不占用通行空间。

（h）会议室　　（i）休闲区地台　　（j）走道

图7-63（h）：会议室墙面安装防腐木格栅，挂置装饰画，具有隔声效果，形成封闭性较强的会议空间。

图7-63（i）：休闲区设计有地台来区分公共办公区，地台上与走道铺装深色哑光地砖，耐污染且防滑性较好。

图7-63（j）：通往中管办公室与经理办公室的走道采光较好，通透的隔墙玻璃给中管办公室提供自然光。

（k）休闲区吧台　　（l）经理办公桌　　（m）经理办公室沙发

图7-63（k）：休闲区吧台墙面设计软木挂板，可用图钉固定随拍照片，调节工作氛围。

图7-63（l）：经理办公桌侧面朝向窗户，获得良好的办公采光，文件柜中央挂置现代风格装饰画，具有强烈的文艺感。

图7-63（m）：经理办公室靠墙摆放沙发，增补了会客功能，并开设直通会议室的门，便于快速组织会议。

图7-63　各空间效果图

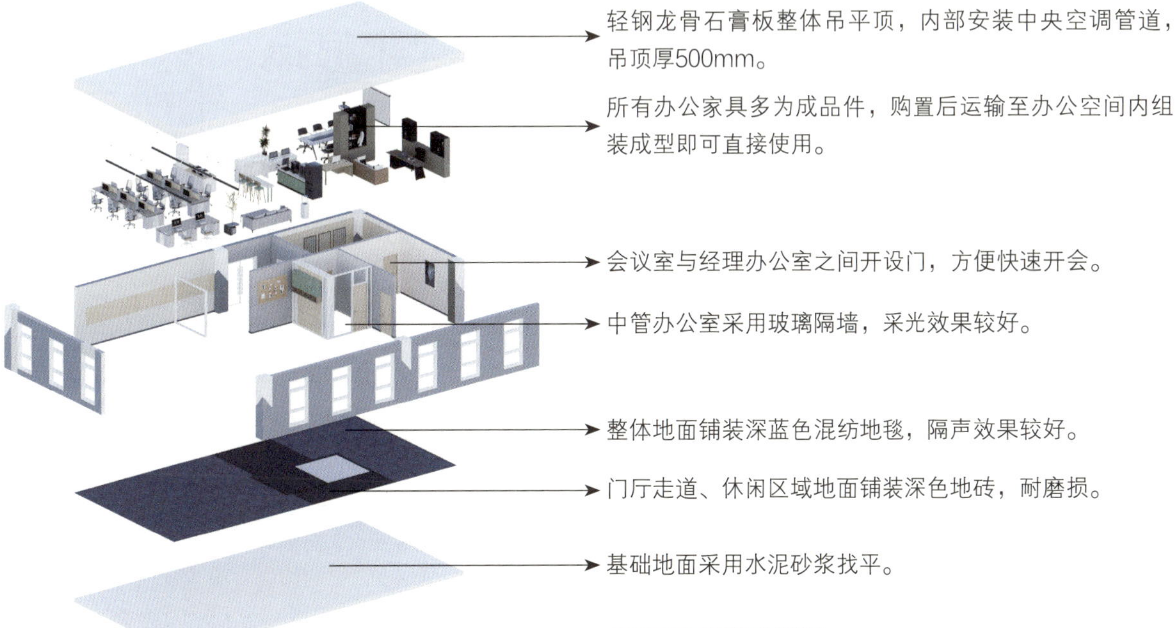

图7-64　空间分解图

7.2.3 共享办公空间

主要用材：防腐木、长虹玻璃、钢化玻璃、乳胶漆、化纤地毯、壁纸、聚酯纤维隔音板、铝合金踢脚线。

共享办公空间占据整个商务写字楼完整一层。楼层整体区域中央设计休闲大厅，周边设计多间独立办公室，供多家小微企业租赁办公，提供大量共享设施，如会议室、洽谈间、厨房等。整体办公区设计造型丰富，具有现代感，色彩层次丰富，照明充裕，是当下流行的办公空间模式（图7-65～图7-74）（设计师：王晓艳、刘轩）。

图7-65 休闲大厅鸟瞰图

图7-65：休闲大厅供办公空间内企业共享使用，主要布置各种沙发、座椅、桌子，搭配独立的洽谈间，可供就餐、会议、会客、洽谈等，在共享大厅边角还配置厨房、餐厅、吧台等餐饮空间，满足工作之余的生活所需。

图7-66：整层使用面积1730m²，采取围合式布局，周边临窗设计办公间，每一个办公区作为一个单元出租，满足不同规模企业使用需求。中央设计会议室、洽谈室，供临时办公拓展使用，在走道周边设计橱柜，满足茶水供应需求。这种共享办公模式已经成为现代商务写字楼租赁的标准模式，适用于小微企业创业孵化。

图7-66 平面布置图

图7-67：外部共享空间不设计吊顶，安装现代风格造型灯具。内部独立办公间设计简约吊顶，营造紧凑且舒适的办公氛围。

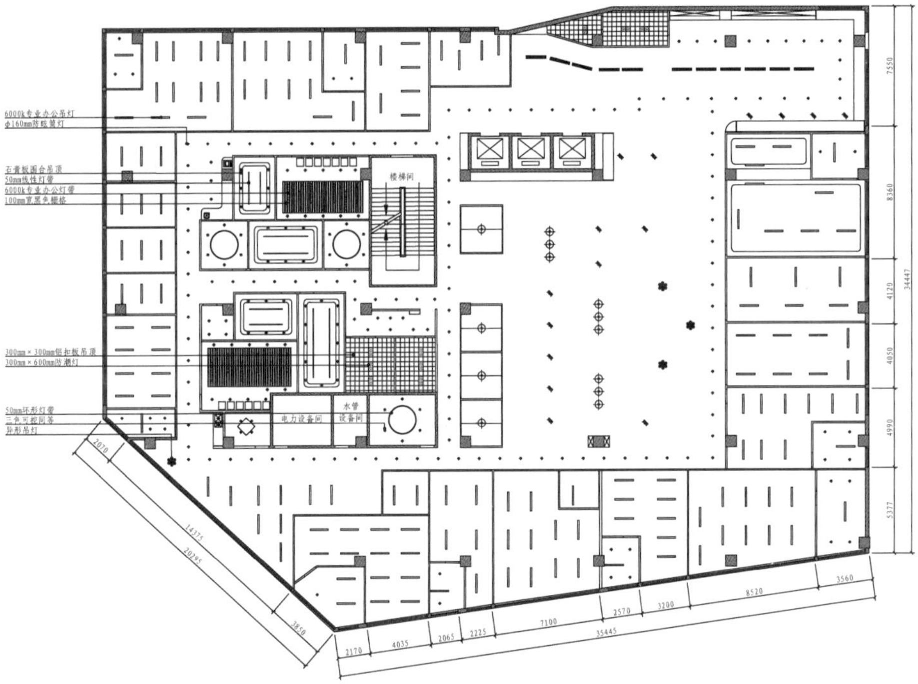

图7-67 顶面布置图

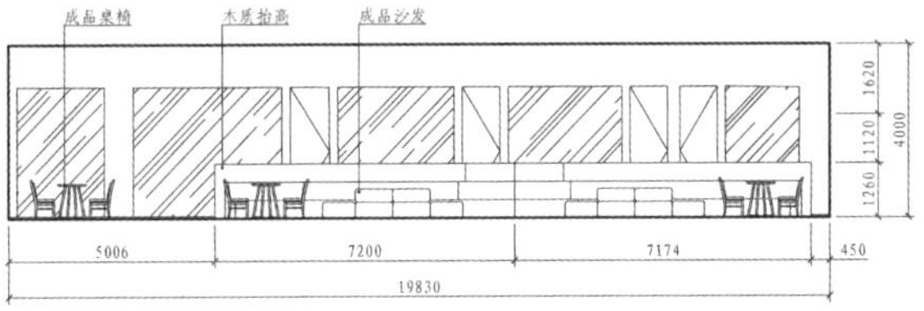

（a）01立面图

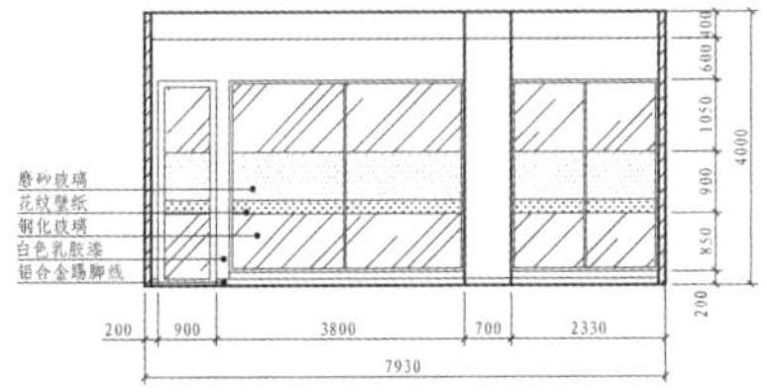

（d）04立面图

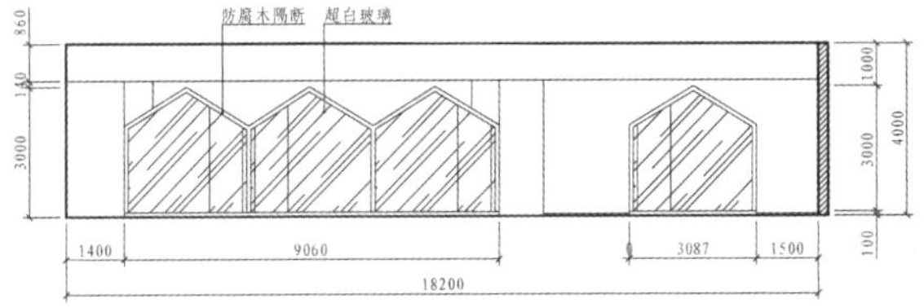

（b）02立面图

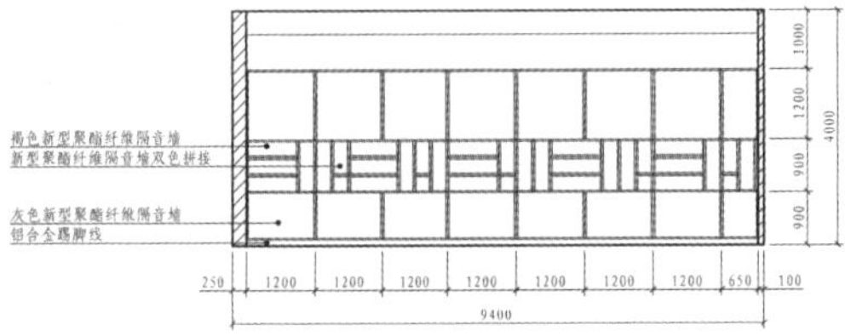

（e）05立面图

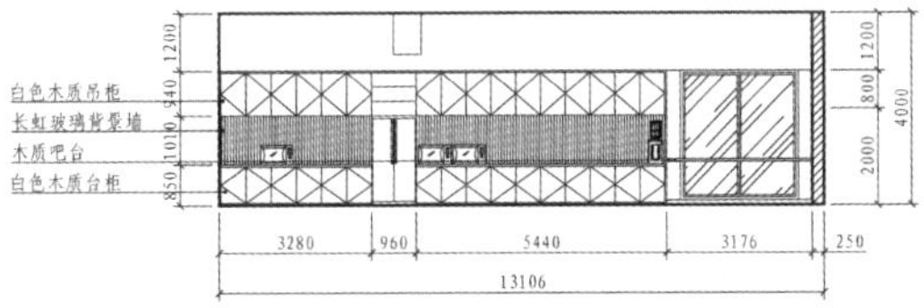

（c）03立面图

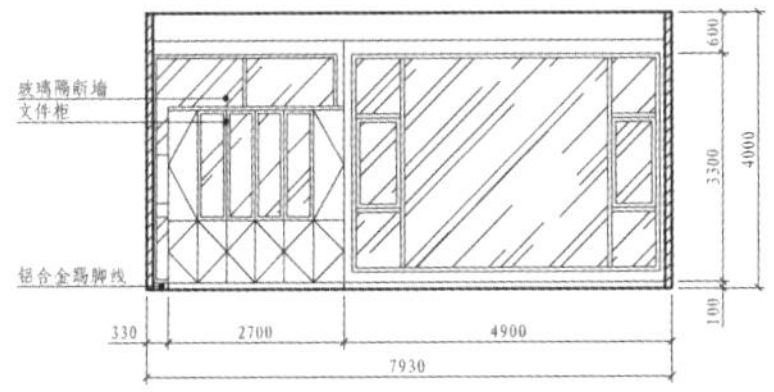

（f）06立面图

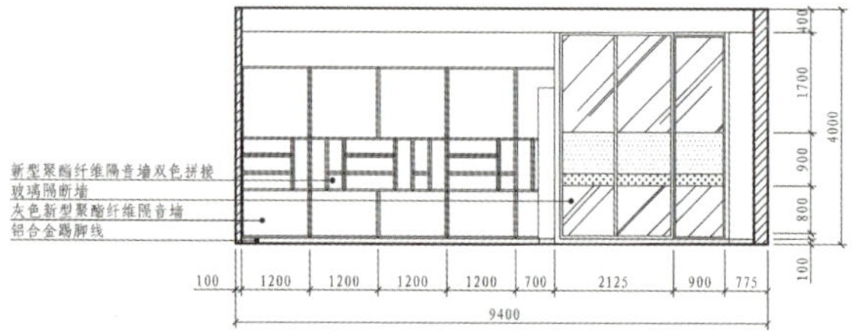

（g）07立面图

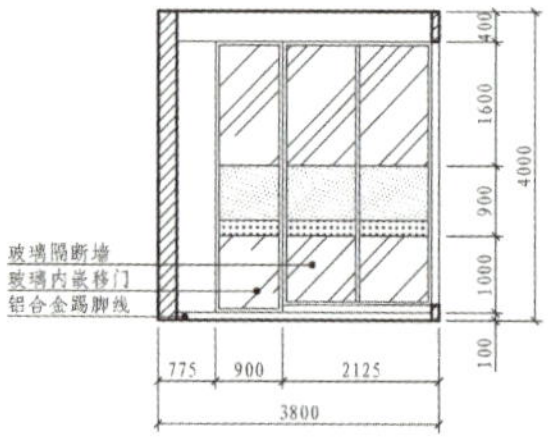

（j）10立面图

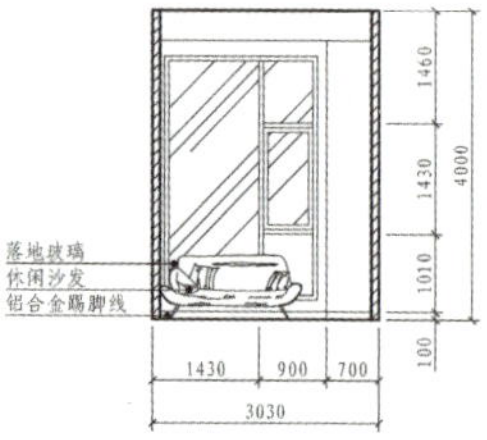

（k）11立面图

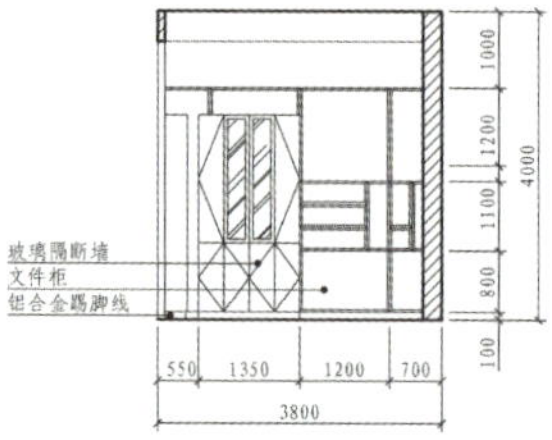

（h）08立面图

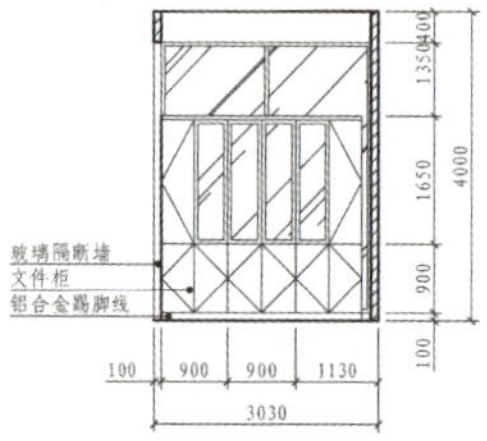

（i）09立面图

图7-68：外部共享区域立面采用乳胶漆涂刷，局部铺装木质饰面板，造型设计简洁。独立办公间内墙面铺装多种色彩聚酯纤维隔声板，营造安静的办公环境。独立办公间与外部共享空间之间采用钢化玻璃隔断，保障走道、休闲大厅的采光。

图7-68　主要立面图

（a）餐厨区鸟瞰

（b）休闲大厅矩形长桌

（c）休闲大厅圆桌

（d）餐厨区吧台

（e）休闲大厅桌椅组合

（f）休闲大厅独立洽谈间

图7-69　共享大厅效果图

图7-69（a）：餐厨区位于楼层东北角，设计有厨房整体橱柜、餐桌与吧台，搭配多种座椅，可供不同环境下就餐。

图7-69（b）：休闲大厅摆放矩形长桌，可供企业多人用餐、会客。

图7-69（c）：休闲大厅圆桌供1～4人日常用餐、会客。休闲大厅地毯为专项独立设计，标识有区域范围界线，便于清扫管理。

图7-69（d）：餐厨区设计有高低吧台，低台为常规餐桌或料理台，高台搭配高脚椅，满足餐饮需求。

图7-69（e）：休闲大厅桌椅组合布局多样，可进行拼桌，可供1～60人会议、聚餐。

图7-69（f）：在休闲大厅旁侧设计有4间独立洽谈间，满足私密会客需求，保守商业机密。

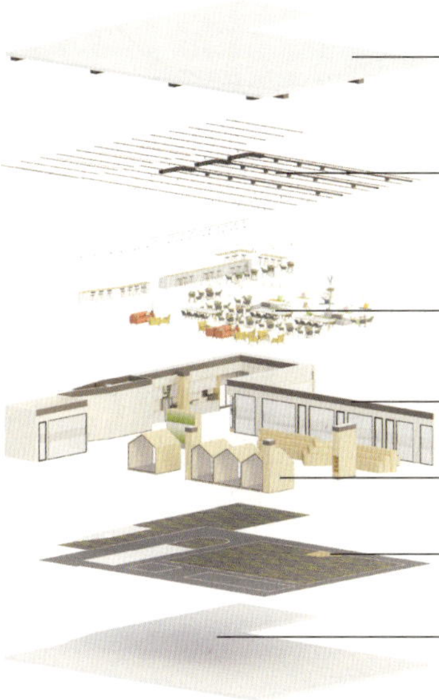

保留原建筑顶面构造，喷涂深色乳胶漆。

在顶面构造上直接布置管线，并安装灯具、空调管道。

大量购置成品家具，现场快速安装后即可使用。

周边独立办公间采用轻钢龙骨石膏板隔墙，中间镶嵌钢化玻璃，保障了共享休闲大厅的自然采光。

轻钢龙骨石膏板制作独立洽谈间，外部铺装木质饰面板。

整体地面铺装定制设计混纺地毯，隔声效果较好。

基础地面采用水泥砂浆找平。

图7-70　共享大厅空间分解图

（a）办公间鸟瞰效果图

（b）办公间入口角度

（c）办公间管理办公室

（d）办公间外窗角度

图7-71　办公间效果图

图7-71（a）：地面铺装块状混纺拼色地毯，在深色办公家具中凸显对比，墙面铺装彩色聚酯纤维隔音板，色彩与地毯相呼应，办公家具布局整齐合理，预留宽裕的走道，保障通行功能。

图7-71（b）：办公间顶面局部设计轻钢龙骨石膏板吊顶，吊挂条形灯具，灯具数量有保障，照度较高。

图7-71（c）：管理办公室采用铝合金钢化玻璃隔断，给办公区工位留足了采光。

图7-71（d）：办公间外窗采光充裕，工位垂直外窗摆放，避免显示器平面产生眩光。

图7-72　会议室

图7-73　洽谈间

图7-72：会议室位于楼层空间中央，自然采光来源于靠近走道的钢化玻璃隔断，内部灯光设计充足。

图7-73：洽谈间墙面铺装成品聚酯纤维隔音板，室内摆放圆桌，节省占地面积。

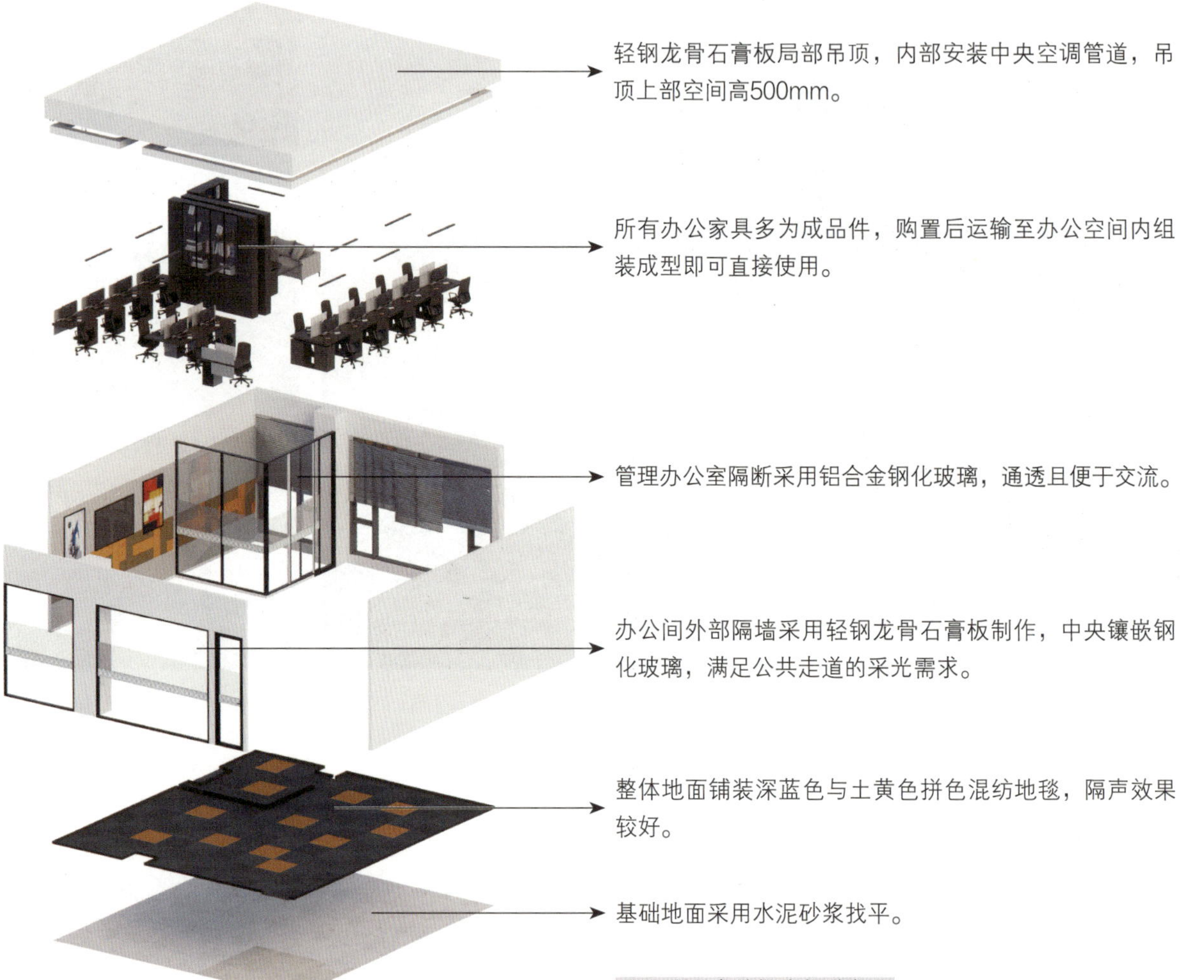

图7-74　办公间空间分解图

本项目小结

本项目针对如何将企业文化进行较好的传达以及在空间内通过设计让员工更为舒适、富有激情地工作等方面进行了详细的案例分析，通过平面布置图、顶面布置图、立面图、效果图、分解图展示，让设计师以及相关从业者更好地了解如何在实地中进行设计。

课后练习

1. 办公空间中的大厅区域象征着什么?
2. 办公空间环境的舒适性可以从哪些方面进行设计?
3. 在办公空间设计中，办公区的家具摆放需要考虑哪些方面?
4. 联合型办公空间在空间设计上有什么特点?
5. 实地考察一处具有私密性或独立型的办公空间，并分析其空间与普通办公空间有什么不同之处。
6. 自主设计一处200～400m^2的办公空间并赋予其室内风格。作业数量：2份。将收集的资料及分析汇总到PPT中，上课进行展示分享。将相应图纸（平面布置图、天花布置图、效果图）打印A3版面并装订成册。建议完成课时：3课时。
7. 考察当地政务服务中心，观察其室内空间布置。思考政务办公空间与商业办公空间有哪些不同。

参考文献

REFERENCES

［1］ 马修·德里斯科尔．办公空间创意设计［M］．常文心，译．沈阳：辽宁科学技术出版社，2016．

［2］ 陈卫新．中国印象——办公空间［M］．沈阳：辽宁科学技术出版社，2019．

［3］ 精品文化工作室．设计速递·办公空间设计［M］．大连：大连理工大学出版社，2012．

［4］ 徐珀壥．共享办公空间设计［M］．桂林：广西师范大学出版社，2018．

［5］ 高迪国际出版有限公司．空间彩色艺术：现代办公空间色彩搭配［M］．赵翔宇，邹红，周双，等，译．大连：大连理工大学出版社，2019．

［6］ 董君．办公空间［M］．北京：中国林业出版社，2017．

［7］ 谢海涛．办公空间·名家设计案例精选［M］．北京：中国林业出版社，2016．

［8］ 王萍，董辅川．说图解色：办公空间色彩搭配解剖书［M］．北京：机械工业出版社，2019．

［9］ 谢海涛．办公空间·名家设计案例精选［M］．北京：中国林业出版社，2016．

［10］邓宏．办公空间设计教程［M］．重庆：西南师范大学出版社，2018．